鉄道重大事故の歴史

鉄道事故に見る安全技術の進化

久保田 博

グランプリ出版

本書刊行の経緯

本書、『鉄道重大事故の歴史』は、2000年に弊社より初版を刊行しました。鉄道事故やその後に導入された安全技術の歴史についての知識を必要とされている方々のご支持を得て、途中で情報を追加するなどして、版を重ねることができました。その後しばらく品切れの状態が続いておりましたが、継続的に本書に関するお問い合わせがあることや過去の事故やその後の改善事例などを紹介することで、鉄道がより安全に運行されることを願い、再刊を決定しました。

編集に当たっては、著者の久保田博先生がすでにお亡くなりになられていることもあり、編集部内で内容の再確認を実施しました。また、索引については、事故原因や安全技術に関する内容に重点を置いて掲載項目を見直し、掲載ページ数も充実させることで、より活用しやすくしました。

また、再刊の意図を久保田博先生のご関係者にお伝えするべく、ご連絡を試みました。しかし、お亡くなりになられてから15年以上が経過しており、社内では現在のご連絡先がわからず、その後もさまざまな手を尽くしましたが、まことに残念ながらご連絡をとることはかないませんでした。

本書をご覧いただいた皆様のなかで、お心当たりの方がおられましたら、ぜひ編集部までご一報くださいますよう、お願い申し上げます。

グランプリ出版　編集部

まえがき

去る2000年3月の営団地下鉄日比谷線の事故も含めて、鉄道側の責任による死者数が最近1年間でみても5人に対して、自動車などによる道路の交通事故の死者数は毎年1万人を越え、航空機事故は世界的には数日ごとに起きている。ある統計によると、鉄道事故による利用客の死亡率は自動車の545分の1、航空機の104分の1とされている。

しかしこの数値に到達するまでには、イギリスでの1825年の鉄道創業以来、多くの悲惨な事故に遭遇し、その事故の解消にたゆまず努力が続けられてきた結果である。

新幹線は200km/hを超す超高速運転を実現するとともに、在来線での事故などをも教訓に無事故の鉄道を目指して万全の対策を講じてつくり上げ、1964年に開業以来36年にわたって旅客死亡と列車事故が皆無に近いのは、日本にとって誇るに値する金字塔であろう。

しかし在来線の場合は日本のみに限らず、海外のいずこの鉄道も事故を皆無にするのは至難なことで、最近の調査でも世界の各国で大事故を繰り返している。2000年3月の営団地下鉄日比谷線の電車脱線衝突事故は、あのような線路・運転の条件でのボギー旅客車両の脱線事故は、国鉄百年以上の歴史で皆無であったし、日比谷線でも全区間の1964年の開業以来36年間なかったのである。

筆者はかつて機関車や電車の運転実務を経験し、また運転現場管理で事故防止に腐心した経歴をもち、また鉄道車両の設計企画をも担当したことがあるが、神ならぬ人のつくった機械や施設などの絶対の完全はあり得なく、ときおり故障を起こし、人による操作ミス絶滅は容易でない。鉄道側に責任がある運転事故の場合、とかく厳しく糾弾されるが、要はその背景なども調べ適正な対策を建てることが肝要であろう。

運転事故はなるべく忘れたいものであるためか、事故などを記した鉄道書は今まで非常に少なかった。しかし保安は鉄道運営にとって第一の条件であるから、今までの運転事故の記録をたどり、事故防止対策について苦心してきた経過を整理することは有意義と考えて、長年にわたって折りにつけて調べキーを打ち込んできた。
　列車の運転を支障するものすべてが運転事故とし、人の死傷や物の損傷した事故と、運転を阻害した事故に分類されるが、本書では人が死亡したものや、脱線車両が30両を越えたり、その他特記すべき重大事故の1872年から2005年までの133年間の主な188件をひろった。海外の事故については古いものは鉄道書などからとったが、戦中戦後については国会図書館で新聞などを調べたが記載がなく、特に最近の事故を参考にして頂ければ幸いである。
　無事故を目指す鉄道の発展に本書がお役にたてばと願っている。
　多くの方々のご指導を頂き、また書籍や文献を参考にし、写真などを引用させて頂き厚く御礼申し上げます。
　本書の刊行を引き受けて下さったグランプリ出版に感謝します。

久保田　博

鉄道重大事故の歴史

目 次

1　鉄道創業期
(1872～88年)

維新によって新国家の建設を目指した明治新政府は、行政機構も整わず、財政の見通しの立たない1869年（明治2年）に、人心の刷新と産業発展などのため官営による鉄道の建設を優先して採り上げた。幕末に先進国に渡航した人達の報告や、先進国の外交官などの薦めなどがあったと思われる。

1872年（明治5年）最初に開業した新橋～横浜間29kmの鉄道の建設費は、当時の国の歳入の約20%に相当する大型プロジェクトであった。建設と運営は鉄道創始国のイギリスの指導により、レール・車両などのイギリスからの機材の輸入はすべて外債によって賄われた。鉄道の規格はイギリス人技師によって決められ、後進国であった当時の日本は早期に鉄道の普及が望ましいとして、建設費を軽減できる1067mm軌間を選定した。

イギリスの技術援助による鉄道の建設と開業後の運営は頗る順調で、高額な運賃（米価時価換算比率で現在のJRの約20倍）ながら、利用も設定の輸送力に対応し、開業後の経営成績も投資回転率20%と良好であった。当時は馬車か人力車程度の交通機関しかなく、鉄道のスピードは画期的に優れていたためであった。我が国の鉄道の開業は世界最初のイギリスの鉄道より約50年もおくれたが、そのころの鉄道技術や保安対策などがひとまず確立されていたのは、後進国の日本にとって幸いであった。創業時は外国人の指導により、資材のほとんどを輸入していたが、勤勉で自主性の強い日本人従業員はやがて知識技術を消化して一本立ちし、工業の振興とともに資材の国産化も推進された。

最初の鉄道建設計画は、中仙道を経由して新しい首都の東京と京阪神とを結ぶ路線と、太平洋側と日本海側を横断する路線を第一の候補としていた。そのため、引き続いて大阪～神戸間、京都～大阪間などの建設を進めていたが、西南戦争などのため官営による鉄道建設は予定より大幅におくれた。

また、北海道の開拓のために設置された『開拓使』と称する専門官庁の直営により、手宮～幌内間に北海道最初の幌内鉄道が、アメリカの技師の指導によって建設された。

鉄道の利便がわかるにつれて全国各地からの早期の鉄道建設の要望が熾烈のため、民間資金による私鉄の鉄道建設も並行して進めることになり、1881年（明治14年）に日本鉄道が設立されて、東北方面への建設を始め、次いで山陽鉄道・九州鉄道なども設立されて、建設資金の利子補給などの国の支援のもとに建設が進められた。

イギリスで創業された鉄道は、単線では列車の正面衝突の恐れのあるため、線路はできるだけ複線としていたが、やがて電信の発達により単線も普及するようになった。当時、イギリス・フランスなどの先進国では鉄道の建設は主な幹線がほぼ完成するほどに普及し、アメリカの場合も待望の大陸横断鉄道が1869年にロッキー山脈で結ばれた。

1-1 日本の鉄道以前の海外の鉄道の重大事故

(1) イギリスでの最初の人身事故

世界最初の鉄道の開業は、1825年のイギリスのストックトン～ダーリントン間40kmであったが、当初は石炭などを積んだ重い貨物列車のみを蒸気機関車牽引とし、旅客輸送は馬車に頼っていた。当初の蒸気機関車の性能は低く、信頼性も不十分で、SL列車の速度はおそくて新時代の交通機関になるとはみられなかった。

客貨ともに蒸気機関車牽引によって運行した最初の鉄道は、1830年開業のリバプール～マンチェスター間50kmで、蒸気機関車も改良されてスピードや輸送力などから新時代の交通機関として認められるものとなった。

この本格的な鉄道の公式開業日の9月15日に最初の事故が起きてしまった。この鉄道は輸送力と保安対策のために複線で建設されたが、開業日は複線とも同一方向に列車を運転していた。開業日の式典を行うマンチェスターに向かう1番列車は蒸気機関車の給水のため、途中のパークサイド駅にしばらく停車した。この駅はプラットホームがなく、危険のため乗客は客車の外に出ないように鉄道会社から要請されていたが、開業式典に招待された高官・名士たちは窮屈な室内にじっとしておられず、勝手にドアを開けて、側の線路に降りて談笑していた。

そのとき後続の2番列車が隣の線に進入してきた。乗客たちは列車の走るのを見たことがないため、速いスピードの列車の危険を知らなかったのであろう。線路から逃げおくれて線路の上に転んだハスキンソン代議士が、蒸気機関車に左足大腿部をひかれてしまった。事故の原因の一つは機関車乗務員の前方注視の不足もあろうが、列車のブレーキは機関車と一部の車両にハンドブレーキがあるのみで、緊急に停車したことが大きかった。ハスキンソン代議士は別の車両に乗せられて、エクレス駅に運ばれ病院に収容されたが、その夜亡くなった。ハスキンソン代議士は、鉄道建設の反対者を説得してこの鉄道会社の設立に奔走した功労者であるが、その鉄道の事故犠牲者第一号になった。

このように最初の本格的な鉄道は運転事故とともに始まった。

(2) アメリカでの機関車ボイラー爆発事故

イギリスの鉄道に続いて1830年に創業したアメリカの鉄道で、創業翌年の1831年6月17日に最初の事故が発生している。

南カロライナ・ハンバーグ鉄道で、アメリカ最初の定期列車の運行に使用されたとされる機関車“ベストフレンド”号（軸配置B、ボイラー圧力3.5kg/㎠、運転整備重量4.5t）のボイラーの安全弁から蒸気が吹き出して音が大きいため、知識のない火夫が調整ナットを絞めつけて吹き出しを止めてしまった。そのためボイラーの圧力は上昇して爆発し、火夫ははね飛ばされて死亡した。

創業期の蒸気機関車のボイラーは、設計の不完全、劣悪な材質、工作の不良などの理由で爆発事故が多かったため、改良が推進され、次いで安全弁と給水装置は二重の装備が義務づけられ、その後の基本設計として最後まで踏襲された。

(3) アメリカの鉄道での最初の旅客死亡事故

1833年11月11日、ニュージョージア州のカムデン・アムボイ鉄道で、アメリカの鉄道での最初の旅客死亡事故が発生した。

走行中に客車の車軸が突然折損して脱線転覆し、乗客3人が死亡、12人が負傷した。速度がおそく、乗車人数が少なかったのが不幸中の幸いであった。当時の車軸は錬鉄製で、品質も不十分なものであったのであろう。

1916年のピーク時には営業キロが42万kmと全世界の半分にまで発展したアメリカの鉄道は、我が国の鉄道が創業する前の1850年代には事故が頻発していた。政府が建設資金を融資し、沿線幅120mの土地を無償提供する好条件もあって、競って原野に建設されたが、線路の状態がよくなく、レールや車両の品質も低く、閉塞方式も不完全のため、脱線・衝突事故が続発した。しかし事故の教訓から改良に努めて世界一の鉄道王国に発展した。

(4) フランスでの最初の大事故

フランスの鉄道は、1832年にヨーロッパ大陸では最初に開業した。

1841年5月8日、パリ～ベルサイユ間を運転中の機関車重連牽引の急行旅客列車の前部機関車の車軸が折損して脱線転覆し、転覆した機関車に後続の客車が折り重なって突っ込んでしまった。運悪く木製の客車は機関車のボイラーの火種から火災を起こし、当時の客車は外開き扉で外からロックされていたため、乗客は客車から脱出できず53人が死亡した。

この事故により、フランス鉄道の客車の扉のロック方式は室内からも操作できるように改造された。当時の車軸は錬鉄製で強度が弱く、品質にバラツキがあったが、やがて鋼鉄の生産に成功して1860年ごろから車軸やレールにも採用され、我が国の鉄道が創業した1872年ごろには、この種の事故は大幅に減っていた。

(5) イギリスでの列車正面衝突事故

1874年（明治7年）9月10日21時ごろ、グレート・イースタン鉄道のロンドン北方約140kmのノーウィチ付近の単線区間で、上下の列車が正面衝突した。両列車は重なりあって脱線転覆し、25人が死亡、73人が負傷する大惨事になった。線路の閉塞は電信指令式を使い、大駅からの列車指令によって運転していた。

原因は列車指令の指示を、就職間もない電信係が「列車の一時抑止」を誤って「進行」と送信したことによるもので、電信指令閉塞式の盲点をついた事故で、誤りの起こり得ない閉塞方式の開発が要望された。

(6) イギリスの列車三重衝突事故

1876年（明治9年）1月21日18時30分、ロンドン北方約109kmのグレート・

ノーザン鉄道のアボッツ・リプトン駅構内で列車三重衝突事故が発生した。

南行の石炭列車が18分おくれてリプトン駅に到着し、続行のロンドン行特急旅客列車“フライング・スコットマン”の通過に対して側線に入れるため、特急列車に対する場内信号機を停止現示扱いにした。ところが、当日は吹雪と寒冷のため、腕木式信号機の作動箇所が凍結して動かず、進行定位のままであった。特急“フライング・スコットマン”は、場内信号機の進行定位を確認して、遅れを挽回すべく力行運転した。特急の機関士は暗くなったリプトン駅構内に黒い列車の影を発見、あわててブレーキを扱ったが、入替え作業中の石炭列車の側面に約75km/hで突っ込んでしまった。この転覆事故を見た駅の信号掛は、ただちに赤色のランプを振って接近してきた北行の急行旅客列車に事故を知らせた。急行列車の機関士はこれに気づきブレーキ手配をとったが、減速しきれずに、約25km/hで転覆車両に衝突して、三重衝突となり、13 人が死亡、24 人が負傷した。

本事故の死傷者は比較的少なかったが、世間に大きな衝撃をあたえた。信号機の抜本的な見直しが行われて、凍結対策とともに万一の支障の場合でも、危険を招くことのないようフェールセーフの機構に改善された。

(7) イギリスのテー長鉄橋崩壊による列車転落事故

1878 年（明治 11 年）6 月に竣工したスコットランドの全長 3,552m のテー長鉄橋は、規模は当時世界最長で、イギリスの高水準の技術力を実証していた。開通

テー長鉄橋の崩落による列車転落事故・見守る群衆

テー長鉄橋の崩落・突端部

1年後には大英帝国最盛期のビクトリア女王のお召し列車が渡り、鉄橋を設計したブーチ・トマス技師はその功績によりナイトに叙された。

ところが、その後間もない1879年12月28日夜、約40m/secの強風の中をロンドン行の急行旅客列車（2B形機関車牽引の客車5両、緩急車1両編成）が鉄橋の中央部を通過している際に、突然中央部の長スパンの橋桁が崩壊し列車は海中に転落してしまった。夜明けとともに救助船が付近を捜索したが、一人の生存者もみつけることができなかった。乗客73人・乗務員5人が本事故の犠牲になった。

原因は、鉄橋の設計と工作法・材質の競合ミスとされ、責任の所在を巡って法廷で長年にわたって争われた。そのため、トマス技師は心労のあまり、事故の翌年亡くなった。橋梁崩壊の原因は、予想される強風などの自然条件に対して設計強度に余裕がなかったことと、強度を必要とする部材に安価な鋳鉄を使用したこと、請負い業者が途中で3回も変わり施工責任が不明確になったこと、また施工中の途中検査が十分でなかった等の多くが指摘された。

本事故の反省として、鋳鉄や錬鉄によってつくられた橋の強度の弱いことが知らされ、そのころ開発されていたベッセルマー法による鋼を採用することを研究し始め、やがて鋼の採用が基本になって橋梁技術が大きく進歩した。

1-2 日本の創業期の重大事故

(1) 新橋駅構内の列車脱線事故

最初の運転事故として記録されているのは、新橋～横浜間の創業2年後の1874年（明治7年）9月11日9時15分、横浜からの上り列車が新橋駅に到着の際に、駅構内の分岐器で機関車と貨車1両が脱線転覆し、当日の以後の列車は運休した。

事故の原因は分岐器の支障とされているが、進入速度にも問題があったように推定される。その後に出された規程改正で、対向分岐器の通過速度が10km/h以下の低速度に規程されているのも、本事故が理由であろう。

(2) 東海道線の列車衝突事故

1877年（明治10年）10月1日21時頃、東海道線（単線、電信連絡）神戸から大阪寄り約11kmの地点（現在の摂津本山駅東方1km付近）で、上り旅客列車と下り回送列車が正面衝突して、両列車の機関車2両と客車5両が大中破し、3人が死亡、2人が負傷した。列車の正面衝突という大事故のわりに死傷者が少なかったのは、下り列車は回送列車で、上りの定期列車の最前位の客車が上等車で乗客がなく、また列車速度が比較的遅く、両列車の機関車乗務員が遠方より相手列車を認めてブレーキ操作をとり、衝突時の速度が低かったためと考えられる。

当日は軍隊輸送のため定期列車の前に臨時列車を先行させる続行運転として、上下列車は中間の西宮駅で行き違うこととしていた。臨時列車が先行したのは、各駅停車の定期列車に対して帰還将兵を乗せた臨時列車は列車交換する西宮駅以外は無停車運転で、続行の定期列車が追突する危険がないためであろう。事故は、下り列車が上り列車が2本到着していると誤認して発車したためとされる。

20時52分と59分に西宮駅に下りの臨時回送列車と定期列車があい次いで到着した。当日は雷を伴う豪雨であったとされる。西宮駅の上下2本続行の交換線路は有効長が長く、同一方向の列車が縦列で停車を可能としていた。

神戸発の帰還将兵を乗せた上り臨時列車は所定よりやや遅れて20時25分ごろに、続行の定期列車は所定より25分おくれて20時50分ごろに出発した。上り臨時列車は21時に西宮駅に到着したが、時刻は続行の定期列車の着く時間であった。下り臨時回送列車の機関士は、上りの到着列車を定期列車と思いこんだのか、または上り臨時列車の運転を知らされていなかったのか、ただちに自ら運転する下り列車を発車させた。そのため、暗夜の豪雨の12分後に上下の列車が正面衝突した。

鉄道創業時に決めていた運輸規程では、この種の列車の出発は駅間の電信により連絡して駅長の合図によるとされているのに、下り臨時回送列車はイギリス人機関士の単独の判断で出発している。西宮駅構内での下り臨時回送列車は駅の本屋から離れた神戸寄りに停車し、下り臨時回送列車の突然の発車に駅側では止めることができなかったため、駅長の責任は不問とされた。

鉄道創業からこの時期までは、単線区間の列車の運転は、時間間隔法と電信連絡による担当者の注意力のみで行われていたため、この種の事故が避けられなかった。

(3) 最初の旅客死亡事故

1885年（明治18年）10月1日1時ごろ、東海道線大森駅構内で、池上本門寺御開式の臨時旅客列車を折り返し転線中、機関車を前後につけ替えて、客車を下り線から上り線に引き上げ転線して、推進し始めた時に分岐器上の客車1両が脱線転覆して乗客1人が死亡、1人が負傷した。

機関士・駅長・操車掛・転轍手などの供述記録が残されているが、肝心の脱線の原因については不明であった。分岐器を通過し終える前に分岐器を切り替えて推進を急いだためか、または分岐器の破損のためと推測される。

前述の列車衝突事故の死亡者は職員であったから、創業から13年目に最初の旅客死亡事故となった。

1-3 創業期の保安

1872年（明治5年）鉄道創始国イギリスの援助、指導により新橋～横浜間29kmで官営によって創業した我が国の鉄道は、イギリスの1825年の創業から約50年を経過していたため、施設・車両がかなり改良されていた。そのため、最初の蒸気機関車牽引による列車の運転はほとんどトラブルがなく、公表の列車時刻通り正確に運行することができた。そのころの他の交通機関は馬車、人力車、蒸気船で、同区間は5時間前後を要していたのに比べて、鉄道の所要時間は中間の4駅に停車して53分（表定速度32km/h）で、当時としてはまさに画期的なスピードであった。

高速の交通機関にとって重要な性能の一つは、スピードを制御し必要に応じて停車するための、確実なブレーキ装置を所有することであるが、創業時のブレーキ装置は、機関車についている蒸気ブレーキと、一部の車両についている人力による機械ブレーキのみで、ブレーキ率（ブレーキのついている車輪の比率）は極めて低いものであった。しかし創業時の客貨車は2軸車で高速運転は無理であったから、この種の不完全なブレーキ方式でも特に支障がなかったのであろう。最高速度は50km/h程度で、ブレーキ距離も最大250mと概算されるから、保安上からも問題がなかった。

イギリスの鉄道創業時には、ブレーキ装置は非常に低能力で、人が線路に入るのを防ぐために、列車の進行前方に馬に乗り赤い旗を掲げた信号掛が先導したとされる。その後、列車のスピードも向上し、ブレーキ装置も改良され、地上設置の信号機もつくられて列車の進行の可否を表示するようになった。

イギリスの創業期は、単線では上下の列車の衝突の恐れがあるため、複線を原則としていたが、やがて電信が発明され電信により駅相互で列車の発着が確認され、時刻表による時間間隔法の運転が採用され、単線の鉄道も建設された。電信連絡と時間間隔法の運転扱いは閉塞方式に代わるまで続けられていた。

イギリスの創業から約50年後に開業した我が国の鉄道の列車運転の扱いは、単線で電信連絡と時間間隔法によっていた。創業時の列車はすべてスピードが同じで、1時間時隔の列車ダイヤは中間の川崎駅で上下の列車の交差を原則とするものであった。

そのため、信号機も新橋・川崎・横浜への入駅の安全を保証する場内信号機と遠方信号機のみであった。当時は電信のみで、電話が採用されたのは鉄道創業から8年後の1880年（明治13年）からであった。

初めての列車運転に際しては踏切の安全にも特に意を注ぎ、門扉を線路側と道路側の両方に設け、常時は線路側の門扉を遮断、列車が通過するときだけ道路を遮断し、常時番人をおいていた。

創業時の運転は外国人の指導により、開業翌年の1873年（明治6年）に最初の運輸規程「鉄道寮汽車運輸規定」が制定された。その内容はイギリス鉄道の規程を翻訳したようなもので、主として運転関係者の勤務上、保安上の心得といった内容であった。

珍しい条項として、列車運転の責任は列車が駅を出発するまでは駅長、出発後は上級車掌とし、機関士は機関車に支障のない限り上級車掌の命に従うとしている。当時のイギリス鉄道の列車長とされていた上級車掌に責任づけていたものを、そのまま受け入れたものであった。

1-4 保安設備の強化

新橋～横浜間に次いで1874年（明治7年）に開業した大阪～神戸間の当初の列車ダイヤも1時間時隔の粗いもので、両端の大阪・神戸駅と列車交換の西宮駅との相互連絡による時間間隔法の運転扱いで問題がなかった。ところが、続いて1876年（明治9年）に大阪～京都間が開業し、列車が増発されて交換駅が多くなり、列車ダイヤが複雑になると従来の電信連絡の扱いによる担当者の注意力のみでは保安上問題となった。

すなわち、万一の列車の衝突を絶対に避けるため、区間毎に1本の列車しか運転しないとする閉塞方式を導入することとした。そして、最初に採用されたのが1877年（明治10年）からの京都～大阪間のブロック電信機と票券式であった。ブロック電信機は、電流によって動く1本の針をもち、針の左右の傾斜により列車の有無の通報を行うもので、イギリスのクック技師によって発明されていた。通票または通票に代わる通券は区間を運転するときに携行を絶対条件とする通行証のようなもので、その区間に一つしかないものであった。西南戦争の軍隊輸送で列車が増発されて、急遽導入が決定された。

前述の西宮～神戸間の列車正面衝突事故は、京都～大阪間に続いて閉塞方式の採用を予定としていた区間で発生したのは不運というほかない。本事故に鑑み、大阪～神戸間にも緊急に採用され、票券式は最初の閉塞方式として普及した。

しかし、この閉塞方式では後続列車を運転する予定で通券をもった列車が出発後に後続列車が運休になったり、行き違い変更になったりすると、通票を次駅に届けねばならないといった厄介な取り扱いがあったため、後年の通票閉塞式が導入されるまでの過渡的なものとなった。

創業期の信号機は合図に代わる原始的なもので、関連する分岐器などと無関係であった。分岐器と連動させた本格的な信号機が採用されたのは、1887年（明治20年）の品川駅構内が最初であった。これは1885年（明治18年）に日本鉄道会社により、赤羽～品川間が開業し、東北・高崎線からの新橋への乗り入れ列車が急増したため、日本鉄道会社の山手線と官鉄の東海道線とをつなぐ分岐器に、転轍器と関係する信号機と、決められた条件が合ったときにのみ作動する連動装置が初めて設けられ、本装置は順次普及した。

2 鉄道伸長期

(1889～1905年)

創業期の官営による鉄道の建設伸長は財政難のため進歩がおそく、創業から15年も経た1887年（明治20年）の官鉄の営業キロは僅か394kmに過ぎなかった。しかし、このころから、官鉄と私鉄の鉄道建設が急ピッチに進んだ。

1889年（明治22年）に官鉄により待望の東海道線が、1891年（明治24年）に日本鉄道会社により東北線が全通し、山陽、九州、四国でも開業した。続いて産業の発展、生活水準の向上があいまって、鉄道は全国的に急ピッチに延長された。自動車などは未だなく、鉄道の普及は産業の振興、流通の改善、教育の普及などに大きく貢献し、一旦緩急の軍事動員輸送にも鉄道の整備が必要とされ、軍部の後援も強かった。鉄道国有化直前の1905年（明治38年）までには全国の主な幹線と目される鉄道が完成し、官鉄・私鉄合わせて営業キロ7,000kmを超えた。

私鉄の開業後の相当の期間は低収益に苦心したが、明治30年代には経済の成長にともなって輸送量は順調に増加し、官私鉄ともに経営収支は健全の域に達した。

この時期には性能の一段と優れたテンダー機関車と、乗り心地の良いボギー客車が採用され、主な客車列車には直通の真空ブレーキ装置が取り付けられて、列車の最高速度は70km/h前後にアップされた。瀬戸内海の海運との競争の激しい山陽鉄道は、列車のスピードアップやサービス改善に積極的で、官鉄に先がけて急行列車を設定した。また上級車のみ湯たんぽとしていた暖房が、東海道線の主要列車に1900年（明治33年）冬から蒸気暖房が採用されたのは、冬の汽車旅行で寒さにふるえていた乗客にとって画期的なサービス向上であった。

本州を横断するための信越線横川～軽井沢間は、地形が険峻のため67‰の急勾配をアプト式運転で開業したが、ブレーキの支障はとりかえしのつかない過速度になる恐れがあるため、勾配下側に連結の機関車には3重のブレーキ装置をつけるなど保安対策に万全を期した。

列車の増発とともに閉塞方式も定着し、信号機も国産化されて信号保安設備の普及が進んだ。すなわち標準の閉塞方式として、複線用に双信ブロック閉塞式、単線用に通票閉塞式が採用され普及した。

鉄道先進国のイギリス、アメリカで起きた悲惨な大事故を教訓として、閉塞方式・信号機・連動装置の改善、列車の直通ブレーキ装置、自動連結器の本格的採用が推進されていたことも影響されたのであろう。

2-1 海外の重大事故

(1) アイルランドの列車衝突事故

1889年（明治22年）6月12日、アイルランドのグレート・ノーザン鉄道のアーマ～ウーレンポイント間で、観光用旅客列車（蒸気機関車牽引、客車15両）が過重のためか機関車状態が良くなかったため、上り勾配の途中で停止してしまった。そのため、列車を2つに分割して、先ず前半分を勾配上の駅まで牽引し、次いで残りの後半分を牽引することとした。後半分の車両にはハンドブレーキをかけて、前半分を離して発車した。

アイルランドの列車衝突事故

しばらくして、後半分の車両がハンドブレーキだけでは勾配での停車を維持することができずに転送し始め、不運にも時間間隔法で続行してきた列車と衝突して脱線転覆し、78人が死亡、250人が負傷した。死者数がイギリスの鉄道創業以来の最多記録のこともあって、保安対策が強く要望された。

そのため国会で鉄道規制法が制定され、信頼性の高い閉塞方式と列車の自動貫通ブレーキ装置の採用が義務づけられた。

2-2 鉄道伸長期の重大事故

(1) 山陽鉄道の築堤崩壊による軍用列車海中転落事故

1895年（明治28年）7月25日1時35分ごろ、山陽鉄道山陽線（単線）尾道～糸崎間で、上り軍用列車（蒸気機関車牽引、客車23両、傷病兵362人乗車）が崩壊していた築堤区間に突っこんで、機関車と客車6両が脱線して海中に転落し、11人が死亡、98人が負傷した。暴風雨で満潮時の波浪ともあいまって、約300mにわたり線路の築堤が洗い流されていたためで、乗っていた傷病兵は日清戦争に参加した将兵で、我が国の鉄道創業以来の最大の事故であった。

この事故は、同区間が1892年（明治25年）に開通して間もない事故で、暴風雨の規模は極めて大きく、新聞などの論調は、天災のため止むを得ない事故として、鉄道会社の責任はあまり厳しく扱っていない。

山陽鉄道は建設時の線路の勾配率を低く押さえ、並行の瀬戸内海の汽船との競争もあって、列車のスピードアップとサービス改善を経営の重点方針とし、急行列車の設定や寝台車・食堂車の採用などを官鉄に先がけていたが、本事故に鑑み保安対策にも一層意を注ぎ、その後国有化するまでは重大事故を起こしていない。

(2) 東海道線の工事列車脱線事故

1897年（明治30年）10月東海道線小山～山北間（現在のJR御殿場線）は台風豪雨による酒匂川の氾濫のため、築堤が崩壊して不通になり復旧工事が行われていた。10月2日4時20分ごろ、沼津からの工事列車が同区間の工事現場に到着の際、下り25‰勾配で機関車のブレーキ制御を誤り、車止めを突破して土運車と機関車が築堤下に転落し、8人が死亡、17人が負傷した。

機関車のみのブレーキでブレーキ率が特に低く、直通ブレーキがなかったのが間接的の原因であろうが、本事故により路線の復旧が一層おくれた。

(3) 九州鉄道の機関車ボイラー破裂事故

1898年（明治31年）4月9日9時ごろ、九州鉄道幸袋線（小竹～二瀬間7.6km、国鉄時代の1969年に廃止）幸袋駅構内で、混合列車牽引の13号機関車（タンク形、軸配置C1、ボイラー圧力10kg/㎠、運転整備重量33t、1893年ボールドウィン社製）が、貨車の入替え中に突然ボイラーが破裂して、乗務員2人と駅員1人が死亡、踏切付近を通行中の4人が負傷、近隣の民家3軒が破損した。事故後の実態調査では外火室の破裂によるものであった。

イギリスでの鉄道創業期には機関車ボイラーの破裂事故が多くて、機関車乗務員は生命保険会社の保険の契約を断られるほどであった。その後、工作法の進歩、材質の改善により破裂事故は激減し、我が国の鉄道創業時には極めて稀になっていた。しかし、ボイラーの破裂は大事故になるため、ボイラーの検査は厳しく扱われ、この時期には定期検査での耐圧テストも定着していたのに、九州鉄道の場合は励行されていなかったのか、メーカーの製作に欠陥があったのか不明である。アメリカの機関車専門メーカーのボールドウィン社での新製後僅か5年で、火室の燃焼火炎の直接当たらない外火室の破裂というのも理解し難い事故であった。

一般にこの種の好ましくない事故は、会社の記録として残していない場合が多く、本事故の場合も事故の詳細や原因などについての記録は残されていない。

九州鉄道の機関車ボイラー破裂事故

(4) 東海道線の強旋風による列車脱線事故

1899年（明治32年）6月30日16時10分、東海道線（単線）蒲郡～御油（現在の愛知御津）間を下り第327混合列車（蒸気機関車牽引、客車7両、貨車4両）が走行中、突然発生した強烈な旋風のため客車5両が脱線して築堤下に転落、残りの客車2両と貨車4両及び炭水車が脱線し、25人が負傷した。重い機関車のみが難を免れたが、築堤が低く、列車のスピードが低かったため、人の被害が少なかったのは幸運であった。

当時の客車は木製で軽量のためもあろうが、台風でないこの種の旋風・突風による事故は鉄道の歴史で本事故以外にも数件発生している。

(5) 日本鉄道の台風による列車脱線転落事故

当日の宇都宮地方は、台風のため朝から風雨が強かった。

1899年（明治32年）10月7日17時ごろ、日本鉄道東北線（単線）矢板～野崎間を、上野発福島行下り第375混合列車（機関車5500形式＋2100形式2両、貨車11両、客車7両）が定刻より約1時間おくれて走行していた。折からの強い風雨の中、針生トンネルを出て間もなく箒川鉄橋（橋桁14連構造、延長319m、川床からの高さ約6m）にさしかかった際、強風にあおられて貨車間の連結器が外れ、11両目貨車1両と後続の客車7両の計8両が脱線して箒川の濁流に転落し、19人が死亡、36人が負傷した。

当時の客車は木製車のため、濁流に落ちて原型をとどめない状況ながら、死傷者の少なかったのは編成のわりに乗客が多くなかったからであろう。しかし車掌の証言によると乗客は約100人とされ、箒川に流されたとみられる被害者の捜索は河口近くまで及び、捜査を終えるのに相当の時間を要した。

事故発生の急報を聞いて、日本鉄道会社々長曽我祐準が、現地に赴く最高責任者の運輸課長久保扶桑に命じている記録が残っているが、適切な内容であるので記しておきたい（以下原文のまま）。

①臨時列車を運転して医師並びに看護婦その他救護に必要な要員を現地に送ること。

②被害者の取扱いは急速かつ懇切を旨とすること。

③被害者の住所・氏名を知り得たものは、敏速に本社に通知すること。但し現地最寄りの被害者は本社に通知と同時に直接その家族に通知すること。

④死者はその取扱を最も丁寧とし、次の各項を詳細に取り調べること。男女の別、年齢、着衣、人相、所持品、住所、氏名。
⑤死者には付添人を付して住所地に送ること。
⑥負傷者はすべて相当の手当を施した上に、軽傷にして自宅療養を望むものは付添人を付して送り届け、重傷者は医師と協議して最寄りの病院又は東京に送付し、懇切な治療を行なうこと。
⑦被害者並びに救護者の食料品を用意すること。
⑧被害者に着すべき衣類、寝具を用意すること。
⑨以上の他に必要な事項は注意を怠らず適当な処置をすること。

ともかく、初めての大事故の発生直後の手配・処置は適切で、誠意をもって対処したことが窺える。

本事故は国会でも取り上げられ、また被害者の遺族から「当日の気象状況から列車の運行は見合わせるべきであったのに、大事をとらなかったのは鉄道会社の過失であり、事故の責任はすべて会社にある」として訴訟が起こされた。長年にわたって法廷で争われ、第一審では鉄道会社の責任、控訴審では気象の急変によるもので会社の過失は認められないとし、最終の1905年（明治38年）の大審院の法廷では原判決が破棄されて、示談解訟となった。

対策として強風・大雨などによる運転抑制が検討されたが、判定は容易でなく具体化には長期を要した。

(6) 東海道線の競合による列車脱線事故

1900年（明治33年）8月4日19時45分、東海道線（複線）山崎～高槻間で下り第105混合列車（蒸気機関車牽引、客車11両、貨車11両）が走行中、突然前から11両目の客車と次位の貨車3両が脱線して、貨車2両が築堤下に転落し、1人が死亡、2人が負傷した。車両・線路とも特に欠陥がなく、単独では脱線が起こり得なく、脱線の原因が不明とされているが、後年の2軸貨車のいわゆる競合脱線事故の最初のものと考えられる。

(7) 信越線67‰勾配区間での旅客死亡事故

信越線（単線）横川～軽井沢間は11kmの短距離で標高差550mと大きい地形のため、従来の鉄道が採用している25‰勾配で迂回しながら長大トンネルを通るルートとなり、煤煙の排出する蒸気機関車運転では無理とされ、また当時は電気機関車運転は先進国でも試用の段階であるため採用できなかった。そのため窮余の策として、67‰勾配にラック式を採用して1892年（明治26年）に開業し、機関車・ラック設備の保守整備、運転扱いには細心の注意が払われていた。

1901年（明治34年）7月13日20時57分、熊の平～軽井沢間で、下り混合列車（勾配上り）の蒸気機関車が、煙室内の蒸気管接合部が破れ、蒸気が煙管に逆流して焚口から運転室内に噴出し、機関助士の2人が吹き飛ばされてしまった。機関士は加減弁を閉め、ブレーキを扱うなどの応急措置をとったが、列車は67‰勾配を退行し始めたため、乗客2人が避難すべく列車から飛び降りて死亡した。

乗客の2人は軽井沢の別荘に行く日本鉄道会社技師長毛利重輔父子で、毛利氏は機関車故障による67‰勾配の退行は、短時間に過速度（無ブレーキ時の計算上50秒で約100km/hの速度になる）になって絶望と咄嗟に判断して、息子とともに列車から脱出したのであろう。しかし、不運にも線路わきの地形が災いして貨車に巻き込まれ、同区間の最初の犠牲者になった。なお、機関車故障の列車は約2km退行して、熊の平信号場に停車して事なきを得た。同区間の専用の蒸気機関車は、蒸気力によるブレーキ装置と、ラックの歯車軸には手動によるドラムブレーキ装置、ハンドブレーキ装置の3種の装置がありながら、本事故で停車できなかったのは問題であった。

2-3 伸長期の保安

この時期には閉塞方式が全面的に採用され、所要の信号機の整備も始められた。

創業期にはイギリス人を主とする外国人の指導によって運営されたが、この時期には日本人従業員はほぼ知識技量を習得し自立して、外国人も僅かになった。

創業期からの実績なども参考にして、官鉄では本格的な保安規程と最初の建設規程が制定され、私鉄でも使われた。

運転事故統計記録として1901年（明治34年）からのものが残っているが、その内容は最近の統計記録と採取の範囲・区分などが異なっているため、そのままの比較は必ずしも正確ではない。

運転事故の代表的な列車事故（列車脱線・列車衝突・列車火災など）における列車走行10^6km当りの件数は、1902年（明治35年）は9.1件となり、1998年の

0.03件に比べるとかなり多いようであった。なお、統計の対象が昭和期以降と異なるため、このままの数値比較は正確でない。

2-4 通票閉塞式の採用

創業間もなくから採用され、続いて私鉄にも普及していたブロック電信閉塞式に次いで、官鉄職員の創案によりこの時期に、双信ブロック閉塞式が東海道線新橋～品川間で試用され、複線区間の標準方式として採用された。

この方式の双信閉塞機は相互駅に設置され、両機は電気的につながっていた。そのため、両駅の取り扱い者が共同して操作しない限り、閉塞または開通を表示しない仕組みになっており、一方駅の独断や誤りによる取り扱いが防止できるようになった。

イギリスの場合、1841年に電気閉塞式が開発され、次いで1850年ごろから一層保安度の高いブロック電信式が標準閉塞式として採用され始め、我が国の鉄道創業の1872年ごろには主要線区のほとんどにこの方式が普及していた。しかし本方式でも人の取り扱いミスによる余地が残されており、閉塞扱いの過誤による列車衝突事故が起きたこともあって、絶対確実な閉塞方式が要望されていた。

この課題に応えてイギリスのE.タイヤが1878年に創案完成したのが、タブレット通票閉塞式であった。

この方式は、従来の電信による閉塞と、通票携行による列車運転の保証とを、一連の機械的操作によって結合させたもので、絶対確実の点では画期的なものであった。

すなわち、駅間の閉塞区間の運転は、その区間固有の通票（タブレット）の携行を絶対条件とし、通票は両駅相互で通票閉塞器を操作し、いずれかの閉塞器から1枚しか取り出せない。すなわち、両駅ごとに一対の通票閉塞器があって相互に電気的に鎖錠され、両駅の担当者は閉塞打ち合わせの専用電話でお互いに連絡をとりながら、共同して閉塞器を取り扱うと、発駅側で1枚の金属製円盤の通票を取り出せる仕組みになっている。通票を入れたキャリアーを列車の運転士が携行して運転し、キャリアーは着駅で渡し、両駅の共同操作で通票を着駅の閉塞器に納めて元の状態に戻る。通票には各駅間に固有の切りかけ（一般に4種類）があって、閉塞器には他の区間の通票を誤って納めることができないため、他の区間の通票を使うことができない。また、いずれか一方の通票を取り出すと、その通票をどちらかの閉塞器に納めない限り、次の通票を取り出すことのできないよう電気的に鎖錠されている。一対の閉塞器には24個の通票が入っているから、続けて一方方向に列車を運行することもできる。

このように通票閉塞式は絶対確実なものであったから、イギリスのみでなく世界の鉄道に広く普及し、現在も発展途上国の鉄道で使われている。

我が国でも1902年（明治35年）に東海道線に残っていた単線区間に採用されて、単線の標準閉塞式として広く使われ、戦後に連査閉塞式や特殊自動閉塞式が生まれるまでの約60年間にわたって重用された。

2-5 各種規程の制定

創業期の官鉄では、イギリスにおける規程を翻訳したような保安規程によっていたが、その後の実績などを検討して日本の鉄道に合った本格的な保安規程が制定された。この種の本格的な規程が制定された理由の一つは、イギリス直輸入のような規程は必ずしも日本の鉄道の実態に合わず、また鉄道の伸長普及に伴い、官鉄・私鉄にわたる統一的な保安基準が必要となったのである。

そのため1900年（明治33年）に、鉄道運転規程、鉄道列車保安規程、鉄道信号規程などがあい次いで制定された。

鉄道車両の検査は創業時からイギリス人技師の指導により、車両の実態に合わせ適宜の期間に検査していたが、これらの実績なども参考に、鉄道運転規程で蒸気機関車は3年毎に、客車は1年半毎になど車種別の検査期間や、蒸気機関車のボイラーは耐圧テストを行うなどが決められた。その結果、車両の整備水準が向上し車両故障が減少した。

また勾配率、ブレーキ率に応じての勾配下り、列車推進時、曲線半径、分岐器通過等の制限速度が決められた。

鉄道列車保安規程では、列車の運転は閉塞式による原則を確立し、閉塞の方式として、双信式、票券式および指導式によることとしている。タブレット通票閉塞式の採用は本規程制定以後であった。

鉄道信号規程では、列車や車両の運転条件を指示する常置信号機として、場内信号機・遠方信号機・出発信号機・側線信号機の各信号機の設置の基準や方式と、合図、列車標識の基準などを規程している。

施設・車両はそれぞれ守るべき設計基準があるが、創業期はイギリス人技師のメモがもとになったとされる。このメモはやがて内規として扱われたが、最初の建設規程はこれらの内規や実績などから、前述の各規程とともに同年に制定された。

保安に直接関係するものとして、停車場内の本線路の勾配は3‰以下とする、3‰以上の勾配のある側線には本線に逸走しないように防止設備をする、停車場内で2本以上の線路を列車の発着に共同する場合の、関連する分岐器および信号機は相互連動の装置とする等で、いずれも事故などの教訓に基づくものであった。

機関車のボイラーには独立した2ケ以上の給水器、水面計、安全弁、内火室頂板の溶栓を設ける、煙突および灰箱より火粉の放出を防ぐ設備を設置すること、機関車の前後に排障器を付す等とした。

3　鉄道国有化期

（1906～19年）

日露戦争での膨大な軍事輸送は、運輸の疎通の必要、機密の保持などから鉄道の国有化が求められ、勝利後の1906年（明治39年）に、直通列車による運輸の円滑疎通、施設・車両の標準化などによる運輸コストの低減、重複投資の回避などを理由として、私鉄の国有化法が成立した。すなわち地方の私鉄を除いて全国の主な17の私鉄が国鉄に編入され、国有化前の営業キロの2,562kmが7,153kmに増加して、国鉄は文字通りの国の動脈になった。買収価格が建設費の平均約2倍であったため、国有化後の経営を圧迫したが、輸送量の増加と改善施策の推進があいまって、公約の運賃を低減しながら経営成績は逐年向上し、約10年後には健全経営の域に達した。

戦後の産業経済の発展、生活水準の向上で輸送需要が増大したため、陸上輸送を独占していた鉄道の輸送力増強が強く要請された。そのため従来の鉄道の伸長建設に並行して、新型高性能車両の採用、既設線の複線化、主要駅の客貨分離、車両基地の増強、自動信号化などが積極的に採り上げられた。この間、地方幹線などの建設の要望も熾烈だったため、設備投資の選定に当たっては、建設と改良の配分が政治的な面ともからんで常に問題となった。

それまでの鉄道の動力方式は蒸気のみであったが、この時期に電化が導入され都市近郊の鉄道に普及し、現在我が国の鉄道の主役になっている高速電車の始まりになった。幹線での最初の電化として、信越線アプト式区間が先進国からの機材の輸入により1912年（明治45年）に開業し、煤煙と低速で苦しんでいた運転を切り替えることができた。次いで、国産石炭の長期的対策として、水力発電の開発と鉄道電化が国の重点事業として採り上げられ、長期の計画で進められた。
明治末年に大量の新鋭機関車を輸入して輸送力の増強とスピードアップを一挙に推進し、日露戦争後の大陸との交通の増加により、1912年（明治45年）6月に我が国最初の特急列車が新橋～下関間に設定された。
創業以来機関車は先進国よりの輸入としていたが、鉄鋼の国産、本格的な車両メーカーの開設により、国有化以降の国鉄の方針として国産品の採用を原則とし、大正期には全面的に国産に切り替え、標準形機関車の量産が軌道に乗り、信号機なども第1次世界大戦を機会として国産になった。
この間、鉄道発展の将来方策として、先進国並みの標準軌化が本格的に研究検討されたが、標準軌化の利点、財政上の負担と、切り替え時の乗り換えと積み替えの支障の大きいことなどを総合して、狭軌のままで強化改善を進めてゆく方針が確定された。
地方の支線の整備策として民間資金による軽便鉄道が明治末年から採り上げられ、当初は急ピッチで普及したが、やがてバスの進出などのため間もなく減少の一途を辿った。

3-1 海外の重大事故

(1) メキシコ鉄道の過速による列車脱線転落事故

メキシコは鉄道の採用が隣国のアメリカに対して43年後の1873年とおそく、アメリカの鉄道が1900年ごろには営業キロ約40万kmと全世界の約半分を占める鉄道王国に発展していたのに、メキシコの鉄道は1万km足らずで、標準軌の線路も低規格で列車のスピードも平均水準に比べても低いものであった。
1915年（大正4年）1月18日、首都メキシコ市の西方約500kmのグアラダハラ近くの山峡の急勾配区間で、軍人とその家族を乗せた超満員の臨時列車がブレーキ制御を失って、過速度のため急曲線で脱線して川に転落し、600人以上が死亡した。転落した急流の川は折からの豪雨による増水のため、遺体の完全捜索が不可能で、乗客数も不明で正確な死者数は明らかにできなかった。
過速度の原因が運転制御のミスか、真空ブレーキ装置の故障か、乗務員などの証言者がすべて亡くなり、物証も回収できなかったため不明である。

(2) イギリス鉄道の列車三重衝突事故

1915年（大正4年）5月23日、カレドニア鉄道のクイルビル駅で、先行の旅客列車の発車のおくれているのが信号所からの視界にありながら、2人の信号掛が見落として、続行の軍隊列車に対する場内信号機に進行を指示してしまった。そのため軍隊列車は進行現示に従って高速で進入してきて、旅客列車に追突してしまった。

さらに不運にも続いて、隣線を進行してきた対向の急行旅客列車が転覆車両に衝突し、また軍隊列車のガス照明から火災が発生して被害を大きくし、3本の列車の乗客、乗務員合わせて227人が死亡した。

2人の信号掛の錯覚とも考えられるミスから、不運が重なって列車三重衝突の大事故になってしまった。戦後に国鉄がくり返した列車三重衝突事故は、その約50年前に鉄道創始国のイギリスで起きていた。

信号機の自動化が求められる大事故であった。

(3) フランス鉄道の過速による列車脱線転落事故

1917年（大正6年）12月22日、フランス南部のセバンヌ山脈山中のセニストンネル線モダース付近で、第1次大戦中のクリスマスで帰省する軍人を乗せた超満員の臨時列車が、下り勾配でブレーキ制御を失って過速し、急曲線の木橋上で脱線転落、折り重なって粉砕して火災を起こし、543人が死亡した。

原因は機関士のブレーキ制御のミスとされているが、過重も一因と考えられる。公式発表の鉄道事故の死者数としては、世界的にも最多の大事故であった。

原因は戦後の八高線の事故の場合とよく似ている。

3-2 鉄道国有化期の重大事故

(1) 函館線の妨害による列車脱線事故

鉄道創業以来、レールに置石する悪戯などによる列車妨害事故があったが、被害の大きい列車脱線は本事故が初めてであった。

1908年（明治41年）6月20日11時53分、函館線（単線）銭函～軽川間で、下り旅客列車が線路に置かれた材木に乗り上げ、機関車と客車5両が脱線転覆し、1人が死亡、20人が負傷した。被害の規模のわりに死傷者が少なかったのは、乗客が少なく脱線時の速度が低かったためであろう。

日本の鉄道史で死者を出した列車妨害事故は、本事故と1944年（昭和19年）の山陽線事故（P71参照）の2件であった。

(2) 横須賀線の閉塞扱いミスによる列車衝突事故

1909年（明治42年）1月13日6時47分、横須賀線（単線、通票閉塞式）大船～鎌倉間で、大船駅を8分延発した下り第505旅客列車（蒸気機関車牽引）と鎌倉駅で行き違うはずの上り第2旅客列車（蒸気機関車牽引）とが、鎌倉駅下り遠方信号機付近で正面衝突し、機関車2両、客車2両が脱線し、21人が負傷した。

大船駅助役が下り第505旅客列車を発車させた後、約6分経過した時に鎌倉駅から同区間の閉塞の連絡をうけたのを（同区間の定時運転の所要時間は9分）、第505旅客列車の到着連絡と誤認して閉塞器を扱った。一方の鎌倉駅助役は、下り第505旅客列車のおくれで上り第2旅客列車の行き違いを大船駅に変更したものと憶測して、閉塞器から通票を不正扱いにより取り出して、第2旅客列車を出発させたのが列車衝突事故の原因であった。列車正面衝突が鎌倉駅の近くで、上り列車発車間もなく、下り列車は駅に接近していて、いずれも速度が低くて被害が軽かったのは不幸中の幸いであった。

採用して日数の浅かった当時の通票閉塞器は、通票の出難い故障が時折りあって、この種の正規でない取り出しがやむを得ないものと、黙認されていたことが本事故の原因の一つであった。

本事故は、絶対確実とされていた通票閉塞器からの不正取り出しのために、列車衝突事故を起こしたが、この教訓が生かされずに7年後に東北線で大事故（P37参照）を繰り返すこととなる。

(3) 東北線の強風による列車脱線事故

1909年（明治42年）4月17日14時5分、東北線（単線）野内～浦町間で下り第207旅客列車（蒸気機関車牽引、客車8両）が強風のため連結器（リンク式）がねじ切られ、機関車と脱線した次位客車1両を残して、客車7両が築堤下に脱線転覆し、1人が死亡、38人が負傷した。

局地的な強風によるこの種の事故は、その後も何度もくり返されているが、死者を出したのは本事故のみであった。

(4) 東海道線の貨車脱線による列車衝突事故

1909年（明治42年）4月19日20時30分ごろ、東海道線（複線、双信ブロック閉塞式）蒲田～川崎間で、下り貨物列車の家畜車（空車）の扉が外れて線路に落下して同貨車が乗り上げて脱線し、そのまま進行して六郷川鉄橋上で後続の貨車も脱線傾斜し、隣線の上り線を支障した。そこへ上り急行旅客列車が進行して来て脱線車に衝突し、急行列車の機関車と郵便車が脱線して鉄橋から転落し、2人が死亡、6人が負傷した。

急行列車の機関士が前方の異常をいち早く発見して非常ブレーキを扱ったため、衝突時の速度が低かったのが犠牲者を少なくした。

(5) 奥羽線のトンネル内煤煙失神による列車脱線事故

奥羽線（単線、通票閉塞式）福島～米沢間は一般線区の最急勾配25‰を上回る33‰勾配の連続で、そのため中間の駅はスイッチバック方式とし、加えてトンネルも多いため蒸気機関車の運転条件は厳しく、東北地区では一番の難所であった。

1909年（明治42年）6月12日19時40分ごろ、赤岩信号場～板谷間で、下り第725混合列車が上り勾配区間の環釘トンネル（延長2,141m）内において、本務機の9200形式機関車の動輪が空転して停車し、煤煙のため機関車乗務員が失神してしまった。やがて急勾配を列車は退行し始め、直通ブレーキ装置のない本列車の後部の2120形式補助機関車と緩急車の制動のみでは停車できずに加速し、スイッチバック式の赤岩信号場に高速で突入し、全列車が脱線転覆して4人が死亡、30人が負傷した。

奥羽線の列車脱線事故

その後、大正期にこの種の急勾配線区（他では肥薩線）に専用の強力タンク機関車が新製配置され、煙突を後位とする運転によって煤煙による失神事故はなくなったが、機関車乗務員の苦闘は続いた。

本区間の輸送力増強とも合わせて電化が信越線のアプト式区間に続いて大正期に優先して計画されたが、資金不足や戦争のため大幅に延びて、戦後の1950年（昭和25年）にようやく実現した。

本区間は1992年7月に山形新幹線として、福島～山形間が標準軌に改良され（車両限界は在来線のまま）、高性能電車が東北新幹線で東京に乗り入れして、往年の難所が解消されている。

(6) 上野駅での信号冒進による列車衝突事故

1909年（明治42年）8月31日19時33分、上野駅構内で第829列車牽引用の機関車が入れ替え信号機の指示により炭水線より下り本線を進行中、上り第218旅客列車が進入してきて衝突し、機関車2両と客車2両が脱線し、36人が負傷した。

原因は、上り第218列車の機関車乗務員の場内信号機の誤認によるものとされた。上野駅は着発線が多く、並列した腕木式信号機を見誤る恐れがあったのであろう。

(7) 東海道線の制動制御ミスによる列車追突事故

1912年（明治45年）6月17日11時27分、東海道線（複線、双信ブロック閉塞式）大垣駅に停車中の下り軍用列車に、下り第495貨物列車が遠方信号機の停止現示で非常ブレーキを扱ったが過走して、軍用列車の最後部に追突して客車4両を大破し、5人が死亡、53人が負傷した。

貨物列車の機関士の速度制御とブレーキ操作の遅れが追突の原因とされたが、同駅の下り遠方信号機から駅に向かって下り勾配が続き、貨物列車には直通ブレーキがなくブレーキ力が弱かったのも間接的原因とも考えられる。

(8) 北陸線の過走による列車衝突事故

1913年（大正2年）10月17日4時23分、北陸線（単線、通票閉塞式）東岩瀬駅（現在の東富山駅）で下り第43貨物列車（機関車5500形式、貨車26両、換算27.5両）が到着の際に、ブレーキ制御を誤って所定停止位置を行き過ぎ、上り対向分岐器を24m超えた地点で停車したため退行中、上り第700旅客列車（善光寺参詣の団体列車、乗客362人、機関車5300形式、2軸客車10両、貨車12両）が場内信号機の停止現示を冒して進行し、貨物列車と衝突して客車6両が脱線転覆し、24人が死亡、107人が負傷した。

本事故の直接の原因は、上り参詣旅客列車の場内信号機の停止現示に対する冒進とされたが、間接の原因は遠方信号機が消灯（石油ランプ）で確認できず、また場内信号機の進行現示が55mの直前で進行現示から停止現示に変わったため、ブレーキ扱いがおくれたと参詣列車の機関士は供述している。遠因は下り貨物列車のブレーキ扱いミスによる過走であったが、機関士の供述は当日の風雨のため車輪が滑走してオーバーランしたとしている。そのため、後日に同一編成での再現テストの検証が行われたが、天候条件の差もあって実証できなかった。

本事故で両列車の機関士は起訴され、直接の原因の参詣列車の機関士の遠方信号機の確認できない場合は徐行すべきを怠ったとして禁固1年、貨物列車の機関士はブレーキ操作のミスとして罰金200円に処せられた。

本事故の教訓として、交換駅でのこの種の事故をなくすために、安全側線の設置が採りあげられた（3-5参照）。

(9) 中央線の制動制御ミスによる列車脱線事故

1914年（大正3年）5月29日8時14分、中央線（単線、通票閉塞式）初狩駅（スイッチバック式）に進入の上り第406旅客列車（蒸気機関車牽引）が下り勾配で速度制御を誤って所定位置に停車できず、折り返し線の車止めを突破して、機関車2両、客車4両が脱線して築堤下に転落し、1人が死亡、25人が負傷した。

急勾配での蒸気機関車の列車牽引の起動は容易でないため、かつては急勾配の続く区間の駅は構内をレベル線とするスイッチバック方式としていたが、現在は起動も容易な電車運転になってスイッチバック駅は廃止され、この種の事故は起こり得ない。

(10) 北陸線の車両と線路の競合脱線事故

1916年（大正5年）6月11日13時5分、北陸線（単線、通票閉塞式）魚津～滑川間の角川鉄橋手前で、下り混合列車（蒸気機関車牽引、客車12両・貨車7両）が力行運転中、突然後部の貨車が脱線して築堤下に転落し、後部からの衝撃により前部から4両目の客車（木製2軸車）が鉄橋から脱線転落し、11人が死亡、21人が負傷した。

当日の脱線箇所付近は小斑直しの保線作業中で、若干線路の精度を欠いていたところに、可撓性の少ない鉄製有がい車が比較的高速で走行し、動揺のため浮き上がり脱線したものとされた。後年の競合脱線の類いと考えられる。

(11) 東北線の閉塞扱いミスによる列車衝突事故

1916年（大正5年）11月29日23時40分ごろ、東北線（単線、通票閉塞式）下田～古間木（現在の三沢）間で、下り第331臨時旅客列車（機関車8620形式、2軸客車18両、換算18.1両）と上り第308貨物列車（機関車3200形式、貨車20両、換算24.1両）とが正面衝突して、機関車がかみ合って脱線大破、客車6両、貨車3両が粉砕、客車、貨車各1両が大破し、20人が死亡、180人が負傷した。衝突地点の線形が両列車の機関士席（下り機関車は左側、上り機関車は右側）はいずれも曲線の外側で、相手列車を視認できない悪条件のため発見がおくれて、衝突速度も高かったのは不運であった。

本事故は刑事事件として起訴され、法廷記録から列車衝突に至る経過を辿ってみる。当夜の古間木駅の勤務は助役と駅員2人であった。21時ごろ助役と上席駅員は駅前の旅館にふるまい酒を飲みに外出した。23時ごろ駅に上席駅員だけ戻ると下田駅から連絡電話があって、下り臨時旅客列車の閉塞承認をして、そのまま

東北線の列車衝突事故

宿直室で仮眠してしまった。間もなく迎えに行った駅員と助役が帰ってきたが、助役は泥酔状態でストーブの傍らに椅子を並べて寝てしまった。

臨時旅客列車の運転を知らされていない駅員は、上り貨物列車に渡す通票を探したが、見当たらないので助役を起こした。下田〜古間木間の通票は、前述の下り臨時旅客列車の閉塞承認により、古間木駅の閉塞器から取り出せないのが当然であった。泥酔して下り臨時旅客列車の運転をすっかり忘れ、また上席駅員から下田〜古間木間の閉塞扱いをしたことの報告を受けていない助役は、通票の取り出せないのは閉塞器の故障と判断して、針金を挿入して不正に取り出し、上りの貨物列車に渡して通過させたため、列車衝突の大事故になった。

勤務時間中に外出して酒を飲んで泥酔したこと、助役が下り臨時旅客列車の運転を駅員に知らせてなかったこと、不正扱いで閉塞器から通票を取り出したこと等の、職員の不規律・不正扱いが本事故の直接原因で、また下り臨時旅客列車には弘前第8師団への入営兵843人が乗っていたため、世間の厳しい糾弾を浴びた。

青森地方裁判所での判決は、古間木駅助役は懲役5年、閉塞扱いを行いながら報告しなかった上席駅員は禁固2年で、両被告とも上告せず刑が確定した。日本の鉄道事故の刑としては歴史上で最も重いものであった。

前述の横須賀線の列車衝突事故と同じく、当時の閉塞器は通票がひっかかって出難いこともあり、これが大事故の遠因でもあった。本事故を契機に閉塞器が徹底的に改善され、故障の絶滅を図るとともに、不正扱いができないようにした。

(12) 信越線67‰勾配区間の列車脱線転覆事故

信越線横川〜軽井沢間は67‰の超急勾配のため、特に保安には万全を期し細心の注意を払ってきたが、開業25年にして大事故を起こした。

1918年（大正7年）3月7日4時48分ごろ、信越線熊の平〜軽井沢間で下り貨物列車（勾配上り）の本務機の電気機関車（EC40形式、1911年ドイツ製）の摩擦継ぎ手の故障でラック用電動機が空転したため停車した。そこで、補助機関車の乗務員と打ち合わせ、列車が比較的軽いので本務機関車は粘着駆動のみで、勾配途中の起動を試みたが失敗し、更にはブレーキの抑止ができないまま勾配を逆行加速して、熊の平駅の安全側線に突っ込み岩壁に衝突して全列車が脱線転覆し、乗務員3人と駅員1人が死亡した。本事故が仮に年末輸送などの超満員の旅客列車であったら、空前の大事故になったであろう。

関東と日本海側を結ぶ輸送力増強も兼ねていた同区間は、トンネルも多く蒸気機関車によるラック式運転は極めて苛酷なため、1912年（明治45年）に我が国最初の本線電化となった。輸入の電気機関車のブレーキ装置は、空気・発電・手動・ドラムの4重系としていながら、なぜブレーキが効かなかったのか大問題であるが、詳しい記録は残されていない。67‰の超急勾配では毎秒2km/hの加速で、1分足らずで100km/hを越す高速になり、ある程度の速度を越えると、機構上から抑速が不可能になったのであろう。

(13) 東海道線の閉塞扱いミスによる列車衝突事故

1919年（大正8年）7月25日22時51分、東海道線（複線、双信ブロック閉塞式）垂井駅構内に停車していた単行機関車に、下関行下り第4急行旅客列車（機関車8900形式）が衝突し、急行列車の機関車が築堤下に脱線転落し、前部2両の客車が大破、1人が死亡、11人が負傷した。

原因は垂井駅助役が、本線に停車している機関車があるのに、側線停車と誤認して急行列車の閉塞扱いを受諾したためであった。

自動信号化によりこの種の事故はなくなった。

(14) 山陽線下関駅構内の火薬による大爆発事故

1918年（大正7年）7月26日23時56分ごろ、下関駅構内で関門連絡船に積込み中の貨車（弾薬積載）が突然大爆発し、近傍にいた27人が死亡、40人が負傷、貨車7両が粉砕、118両が脱線した。また、たまたま発車し始めていた上り第4急行旅客列車の客車の全ガラスが破壊され、59人が負傷した。

天災以外の外的要因による事故では、最大被害のものであった。

(15) 山陽線での貨車破損による列車分離脱線事故

1919年（大正8年）10月30日4時39分ごろ、山陽線（複線、双信ブロック閉塞式）上郡～三石間を力行運転中の上り第405貨物列車の前から2両目の冷蔵車の後部端梁が折損してリンク式連結器が脱出分離し、3両目以下の45両の貨車が10‰勾配を逆転走して上郡駅に進入し、待避線で30両が脱線転覆、3人が負傷した。

原因は冷蔵車の端梁の腐触による折損で、前代未聞の事故であった。冷蔵車は積み荷の冷蔵魚の塩水により腐蝕し易かったためであろうが、連結器の自動化とともに直通ブレーキの採用が緊急課題とされた。

3-3 国有化後の保安

国有化以前の各私鉄の閉塞方式は、日本鉄道が坪井式と通票式、山陽鉄道と関西鉄道が双信式と通票式、九州鉄道が単信式とまちまちであった。

国有化により従来設定していなかった直通列車が設定されると、閉塞方式のまちまちは好ましくないため、信頼性・確実性・経済性などの理由で、単線区間は通票式、複線区間は双信式、次いで自動式を標準方式と定め、可及的速やかに統一することにした。国有化された甲武鉄道（現在のJR中央線）が採用していた自動信号による閉塞方式は、頻発運転も可能として画期的であった。国鉄でも普及に努め、大都市近郊で開業した私鉄線でも積極的に採用された。

車両では、主力の蒸気機関車の例で保有の2,305両に対して形式数が187に増え、運用・運転取り扱い・整備保守の面で不利が多くなった。そのため、当時工業生産の発達により資材・車両の国産化が軌道に乗り始めていたので、車両についても国産標準形式を決めることとし、標準化を優先課題として推進した。

前章(2-5)で紹介した1900年（明治33年)に制定した鉄道運転規程、鉄道列車保安規程、鉄道信号規程は、その後の事故の教訓をも採り入れ、また国有化後の輸送方式の変化、施設の整備に応じて、1910年（明治43年）に全面的に改正された。

国有化時の1907年（明治40年）の列車10^6km当たりの列車事故件数は15.8と、国有化前よりかなり増えているが、その後は減少の一途をたどった。

3-4 自動閉塞式の採用

国有化直前の甲武鉄道（現在のJR中央線）が、1902年（明治37年）飯田町～中野間の電車運転に際して採用した自動閉塞方式（信号機は円板型）は、列車回数の増加、保安度の改善、取り扱いの簡便さなどの点で画期的なものであった。

在来の駅の出発信号機・場内信号機のほかに、駅と駅との中間に円板形の自動信号機を設けて、いずれの信号機も防護または閉塞区間に列車の有無（軌道回路による）と連動して自動的に信号機に進行・停止を表示し、駅間では閉塞区間を分割して列車の時隔を狭めて運転回数の増加を図り得るものであった。甲武鉄道で最初に採用された電車は、蒸気機関車牽引列車と同じ程度の低性能の2軸タイプ電車であったが、そのころ急速に人口が増加していた東京近郊地域の運転で好評を収め成功した理由は、自動信号機の採用による頻発運転であったと言えよう。

この画期的な新方式は国有化により国鉄に引き継がれ、1916年（明治45年）の万世橋への延長にも採用された。山手線の電車化と延長に際しては腕木式信号機に変更された自動信号方式が採用され、その後東海道・山陽・東北の各線の列車回数の多い区間にも普及した。

国有化後の鉄道院総裁に就任した後藤新平は、日本の将来の発展のためには欧米先進国並みの標準軌への改軌が是非必要であると主張したが、改軌には長期にわたる出費が大きく、切り替え時の支障も問題で、狭軌のままで積極的に改良を加えれば輸送力が不足することがなく、併せて一層の路線の伸長を図るべきとする在来の政策と衝突し、長期にわたる政争にまでなった。結局、狭軌のままでの改良強化の方針が確定し、これをもとに進められた重点施策として採られたのが、軌道強化とともに機関車の大型強力化・車両の大型化、連結器の自動化・空気ブレーキの採用、電化・電車化・大ヤードの整備などとあわせて、自動信号化・連動化であった。

明治末年に採用された自動信号機は、在来の出発信号機や場内信号機などと同じく、その現示方式は進行と停止の2位式であった。電車のスピードも最高50km/h程度とおそかったため、2位式でも支障なかった。しかし、電車の高性能化と速度の高い本線区間に対応するためには2位式では問題で、停止・徐行・進行の3位式に改善された。3位式自動信号機は、閉塞区間をより多く分割して、複線区間の線路容量を大幅に増やすことができた。すなわち、従来の人手による双信ブロック閉塞式では、駅間距離が長く、また列車速度もおそいこともあって、東海道線でも線路容量が1日60往復程度とされていたが、3位式自動閉塞式は信号機の増設により従来の2倍以上の複々線に相当する列車回数に増強できたのは、当時の輸送要請にも対応でき、また保安度の向上、運転取り扱いの簡便化と要員の合理化にも貢献した。

前述の改軌論争での改軌のメリットとして、大形車両の採用により輸送単位が増強できて線路増設を押さえられるとしていたが、検討当時の閉塞方式は在来のままで線路容量は少ない条件で比較していたから、信号機の改善による狭軌のままでの強化方針は賢明であったと言えよう。

当初の3位式自動信号機は、当時これに合った電球とレンズが国内では製作できず、そのころアメリカで普及していた上向3位式機構の腕木式信号機を採用した。大正後期にまず東海道線横浜～大船と京都～明石間、東北線田端～大宮間に設置されて、順次普及した。

私鉄の3位式自動信号機の最初は、前述の国鉄より早く1914年（大正3年）大阪電気鉄道上本町～奈良間（現在の近鉄大阪・奈良線）の腕木2段自動閉塞信号機で、次いで1915年（大正4年）京阪電鉄が輸入品を使った3位式色灯自動閉塞信号機で、いずれも電車運転による開業時であった。その後、大都市近郊区間で開業した私鉄は3位式色灯自動閉塞信号機を基本装備としていた。国鉄の色灯自動信号機は国産化を待ったため、私鉄よりおくれて正式採用は1924年（大正13年）であった。

自動信号機の普及と並行して1912年（明治45年）に通過信号機が採用された。

従来の通過列車の場合は、停車列車と同じ条件の場内信号機の進行現示で進入し、出発信号機の進行現示を確かめてそのまま進行していたが、一般に駅進行時の構内での出発信号機の見通しが良くない場合が少なくないため、急行や快速列車などの通過列車の増加とともに、信号方式の改善が採りあげられ、通過信号機が場内信号機に併設された。

3-5 安全側線の採用

1913年（大正2年）の北陸線での列車衝突事故は、当時の直通ブレーキ装置のついていない貨物列車を考慮すると、再発の恐れが懸念された。

応急対策として、単線区間で上下の列車が同時に行き違い駅に進入するダイヤの場合に限り、場内信号機の手前で列車を一旦停車させ、低速度で進入させることとした。しかし、この扱いは余分な一旦停車を伴い、蒸気機関車牽引では起動が容易でなく、いたずらに運転時分の延伸を招き、現場では不評であった。

そのため次善の策として採られたのが、所要駅の安全側線の設置であった。すなわち、列車の停止時に誤って過走した場合でも、過走した列車が対向列車の進路に入らぬように、過走余裕距離のある別進路の行き止まり線を新設することであった。この場合、本線と安全側線の分岐器は出発信号機と連動していて、本線に進行できない条件の出発信号機の停止現示の場合は、過走または冒進した列車は安全側線に入る進路としている。

この種の安全側線は順次整備されたが、一般に駅周辺の用地の取得は容易でなくて、また所要工事費も多額を要するため、設置されたものも余裕距離の短いものや、ほとんどないものが少なくなく、また安全側線の終端の車止めを突破した場合は、別の列車の走る本線を支障したり、山の岩壁に衝突したり、築堤下に転落する恐れのある非常に危険なものが少なくなかった。

後年に安全側線に進入して（非常ブレーキを扱っている場合がほとんど）余裕距離の不足のため脱線転覆し、隣線の本線を支障して対向列車が衝突し、安全側線の設置目的に必ずしも沿わない実績になっているのは残念である。

戦後の規程の改正で、安全側線の代わりとして過走余裕距離の150mが追加されたが、所要工事費が一層大きくなるため、実現している例は極めて少ない。

我が国の鉄道以外の海外の鉄道で、この種の安全側線を採用している例は極めて少ないことと総合して、ATS（自動列車停止装置）・ATC（自動列車制御装置）の整備とともに安全側線の是非は再検討する課題であろう。

3-6 連動装置の継電化

駅構内の分岐器と信号機を連動させた連動装置が1887年（明治20年）に品川駅で採用されて以来、主要駅で次々に採用され、さまざまな機構のものが設けられ、国有化により種類も増えた。そのため国有化時に、信号機・転轍器などの操作テコをすべて一ケ所に集中した第1種連動機と、信号機のテコは集中扱い、転轍器の変換操作は現場で行う第2種連動機に分け、更に第2種は機構により5種類に分類された。

これらの装置は先進国から輸入したものに改善を加えたもので、大駅の場合の第1種連動機は操作レバー数が100本を越え、操作や保守が困難になっていた。

そのため、国有化以降の信号機の自動化の機会に、連動装置の継電化も採り上げられて、一層の効率化が達成された。

4　鉄道発展期

(1920～36年)

明治末年に続いて第1次大戦前後からの鉄道の輸送量の増加は目ざましく、既設線の強化改良が進められた。貨物輸送も増えて在来方式では対応できないため、拠点ヤードで列車を集結して大単位列車とする輸送方式を確立するため、全国的なヤードの整備が進められ、大正初期には貨物の収入が旅客と均衡するほどであった。

客貨の輸送増に対応して国産機関車の強力化として、旅客機のC51・C53形式、貨物機のD50形式が誕生し、車両限界の改訂により狭軌の鉄道では最大に近いサイズが採用されて客貨車の大形化が進められた。

1920年（大正9年）には鉄道省が発足し、鉄道を主体とする交通全般の改善整備を推進した。

前期に続いて大都市近郊の私鉄網の建設が進められ、この時期に骨格がほぼ形成され、高性能電車による高速運転が始められた。

1927年（昭和2年）には我が国最初の地下鉄が上野～浅草間で開業し、先進国の実績などから保安面での我が国で初めての不燃化構造車体ATSを採用したことは画期的であった。

創業以来増加を続けていた鉄道輸送は、昭和の初めごろから世界的不況と、自動車の台頭によって、伸びが横ばいとなり、経営収支の健全性を維持するためサービスの改善とともに合理化が推進された。サービスの改善としては、大都市圏の電車化、快速列車を増発し、大幅にスピードアップした特急“つばめ”を東海道線に設定した。

特急列車の事故の教訓により、電車に続いて新型客車も鋼製車体に改善された。

地方の私鉄では合理化対策として、小型バスをそのままレールに乗せたようなガソリンカーを採用し始め、急速に普及したが、搭載の機関は舶来品がほとんどであった。

国鉄でもガソリンカーの採用を始め、当時の国産推奨の国策もあってすべて国産品を使い、所要の機関は自主設計によるものとし、小単位の快速輸送には好評であったが、やがて戦時体制により油の制限のため運転休止が余儀なくされた。

次期時代の候補機関車としてドイツよりディーゼル機関車2両の試作車を輸入して試用したが、実用性は不十分であった。

これらの輸送改善を可能としたのは、高性能新型機関車の増備、自動連結器の一斉取り替え、空気ブレーキの採用、軌道強化、自動信号化、大駅の継電連動化などであった。大正末年に本線の本格的な電化として、東海道線の東京口と横須賀線が実施され、所要の電気機関車を先進国の有力メーカーから輸入したが、主力の形式に初期故障が多くて安定するまで日数を要し、採算性も期待を下回り、資金不足もあって戦前の電化は大都市近郊区間とトンネル区間を対象とした。しかし、本格的電化時に採用した国産機関車の好成績にも鑑み、その後の電気機関車は国産となった。

4-1 海外の重大事故

(1) グレート・ノーザン鉄道の雪崩事故

アメリカのロッキー山脈越えの難所区間をもつグレート・ノーザン鉄道で、最大の雪崩による事故が起きている。

1910年(明治43年)2月23日、アメリカ西北部のワシントン州は全域が猛吹雪で、グレート・ノーザン鉄道のカスケード峠を越える区間は大きな吹きだまりが随所にできて、列車の運行は不能になっていた。そのため、旅客列車(蒸気機関車牽引、編成5両)と郵便列車は峠の手前のウエリントンで止められていた。降雪は止まず、出動していたロータリー除雪車も、雪崩のため挟み撃ちにあって進めなくなっていた。電信線も切断されて不通になり、5日間にわたって連日除雪作業を続けていた鉄道職員も力尽き、積雪は3.7mに達した。28日になって気温が上がって雪はみぞれに変わった。

ところが3月1日1時20分、列車の停車していた山側の斜面が音もなく盛り上がって、巨大な雪崩（幅470m、長さ700m）が発生し、2本の列車を約50m下のタイ川に落としてしまった。8時間後に救援隊が到着して救助活動を行ったが、死亡96人、生存22人の大事故となった。

4-2 鉄道発展期の重大事故

(1) 磐越西線の土砂崩壊による列車脱線事故

1921年（大正10年）3月20日18時8分、磐越西線（単線、通票閉塞式）五十島～馬下間を走行中の上り第402旅客列車（機関車8620形式）が小島山トンネル出口で、山の斜面からの雪まじりの崩壊土砂に突っ込み、機関車が埋没、客車4両が脱線大破し、郵便車内のストーブから発火して、折りからの強風のため全客車が焼失し、8人が死亡、30人が負傷した。

全客車が全焼しながら人災が比較的軽かったのは、乗客の避難誘導が的確であったと思われる。防災整備の見直しと強化が要望された。

(2) 北陸線の雪崩事故

1922年（大正11年）2月3日19時59分、北陸線（単線、通票閉塞式）親不知～青海間で雪崩による大事故が発生した。同区間は豪雪と雪崩のため不通になり、除雪員130人の救援隊を派遣して除雪作業を行ない夕刻に終えた。そして、開通後の初列車の上り第65旅客列車に除雪員を乗せて、勝山トンネルに機関車と次位の郵便荷物車が入ったとき、突然右側山腹の約120mの高所から約6000㎥の雪崩が落下し、2～4両目の客車が埋没大破し、88人が死亡、42人が負傷した。

当時の客車は強度の弱い木製車であったため、雪崩衝撃による粉砕で死傷者を多くした。対策として防災設備の見直しと強化が要望された。

(3) 東北線の信号冒進による列車脱線事故

1923年（大正12年）1月9日2時33分、東北線（単線、通票閉塞式）久田野駅で、下り第402旅客列車が正常ダイヤでは当駅通過であったが、当日の同列車は遅延のため行き違い駅を当駅に変更させるべく、臨時停車の信号手配をした。ところが、同列車の機関車乗務員は通過信号機を見落とし、出発信号機の停止現示の確認がおそく、非常ブレーキをかけたが安全側線の車止めを突破して、機関車および客車2両が脱線大破し、6人が死亡、28人が負傷した。

対向の上り列車は場内信号機の停止現示で停車して、列車衝突事故にならなかったのは幸いであった。

(4) 参宮線の線路工事現場での列車脱線事故

1923年（大正12年）4月16日12時50分、参宮線（単線、通票閉塞式、現在のJR紀勢線）下庄～一身田間のレール交換作業中の現場に、上り第62旅客列車が突っ込み、機関車と客車3両が脱線して築堤下に転落し、6人が死亡、200人が負傷した。

原因は列車ダイヤの乱れと、指定時間外の時間の作業であったためで、連絡確認の励行徹底が要求された。

(5) 関東大震災による海への列車転落事故

1923年（大正12年）9月1日11時59分に発生した関東大震災では、鉄道も大被害をうけ列車脱線などの列車事故も12件を数えた。

そのうち最大規模の列車事故は、熱海線（現在のJR東海道線）根府川駅に進入してきた下り第109旅客列車（機関車960形式、客車8両）が停止の直前に、大地震による地滑りに呑まれて、約45m下の海に向けて転落し、最後部の客車1両を波打ち際に残して、機関車と客車7両が海中に没し、112人が死亡、13人が負傷した。

海中に沈んだ機関車がクレーン船で引きあげられたのは9年後の1932年（昭和7年）で、この時の960形式機関車（1921年に5300形式テンダー機からタンク機に改造）のナンバープレートは鉄道博物館に所蔵されている。

(6) 山口線の制動制御ミスによる列車脱線事故

1923年（大正12年）11月10日15時30分、山口線（単線、通票閉塞式）仁保駅に上り第554混合列車（機関車9600形式、ボギー客車2両、2軸客車、貨車3両）が到着の際に、規定停車位置を行き過ぎて安全側線に進入して車止めを突破し、機関車、客車2両、貨車3両が脱線転落し、23人が負傷した。

原因は機関車乗務員のブレーキ制御のミスとされたが、不貫通ブレーキであったことも遠因であり、短い安全側線も被害を大きくした。

(7) 山手線の電車追突事故

1924年（大正13年）2月26日17時12分、山手線（複線、自動閉塞式）恵比寿～渋谷間で、閉塞信号により停車中の外回り425電車に、続行の427電車が追突し、電車2両が脱線し、45人が負傷した。

当日は同区間の閉塞信号機の故障のためダイヤが乱れていた。427電車の運転士は恵比寿駅で、閉塞信号機の故障の通告を受け注意運転していたが、曲線の見通し不良と下り勾配でブレーキ制御を誤った。

(8) 箱根登山鉄道の制動制御ミスによる電車脱線転落事故

1919年（大正8年）開業の箱根登山鉄道小田原～強羅間15km（単線、通票閉塞式、電車運転）は、粘着運転の鉄道としては我が国では最急の80‰勾配を採用し、保安には最善を努めていた。

1926年（大正15年）1月16日13時20分ごろ、上り電車（単車）が小湧谷～宮ノ下間の80‰下り勾配で、抑速できずに過速して曲線で脱線し、高さ約12mの築堤下に転落して粉砕、17人が死亡、10人が負傷した。無事であったのは、いち早く荷物室の扉から飛び降りた乗客1人であった。電車の落下でがけ下の2軒の人家が半壊したが、定休日で家人が外出していて難を免れ、人的被害はなかった。

原因は運転士の速度制御のミスと記録されているが、運転士は重傷による精神分裂の状態のため事情調査不能であった。80‰勾配を運転する電車のブレーキ装置は、電気、空気、マグネット、手動の4種類を装備して万全としているが、速度がある程度以上を越すと抑速不能になるのが問題とされた。

そのため、1963年信越線67‰勾配区間のアプト式運転から粘着運転に移行するときに新製された専用の電気機関車には、速度がある程度を越すと自動的にブレーキのかかる安全装置が追加された。

(9) 山陽線の築堤崩壊による特急列車脱線転覆事故

1926年（大正15年）9月23日3時28分、山陽線（複線、自動閉塞式）安芸中野～海田市間の築堤が、折りからの豪雨による畑賀川堤防決壊の濁流のため崩壊して線路が浮き上がり、そこへ東京発下関行き下り第1特急列車（C51形式機関車牽引、客車11両）が、2分のおくれをとり戻すべく力行運転してきたため、機関車に続く前位の6両が築堤下に脱線転覆し、客車は大破して34人が死亡、39人が負傷する大事故になった。当時、この特急列車は朝鮮、中国、シベリア経由で、ヨーロッパと最短時間で結ぶ国際列車に連絡する列車であったこともあって、本事故に対する世論の糾弾がきびしかった。

当日の畑賀川堤防決壊の情報をいち早く掴むことができなかった点や、豪雨時の線路の巡回の不足等が問題とされた。

また木製車体の大破のため死傷者が多かったとして、当時電車の鋼製車体の採用が進んでいたのに対して、客車の鋼製車体の採用が遅れていたことに対する非難も大きかった。乗車人員が多く、加減速の高い電車では、車体の鋼製化が阪急・阪神電鉄で1924年（大正13年）から始められ、国鉄でも1926年の新車から開始し、客車についても鋼製車体の設計を進めていた矢先であった。

そのため本事故を契機として、繰り上げ翌1927年（昭和2年）の新車から鋼製に切り換えられた。鋼製客車は木製に比べて重量が約20%増加するため、牽引機関車の大形化が必要になり1928年製のC53形式の誕生になった。

(10) 東海道線の信号冒進による列車追突事故

1927年（昭和2年）3月27日15時11分、東海道線（現在のJR御殿場線、複線、自動閉塞式）の駿河駅（現在の駿河小山駅）を発車した上り第658貨物列車に、後続の第72貨物列車が追突し、機関車2両と貨車19両が脱線転覆し、2人が負傷した。

原因は、後続列車が場内信号機の停止現示を冒進したためとされているが、現地は25‰の下り勾配の悪条件に加えて、不貫通ブレーキ方式だったことも遠因の一つであろう。

(11) 北陸線柳ヶ瀬トンネル内の窒息事故

1928年（昭和3年）12月6日11時13分、北陸線（単線、通票閉塞式）刀根～雁ケ谷間（旧の単線で、戦後勾配緩和のルート変更により複線に変わった）の上り25‰勾配の柳ヶ瀬トンネル（延長1352m）内で、上り第556貨物列車（機関車は前後ともD50形式、貨車45両、換算62両）の速度が低下（1.5kmの走行に約14分を要した)、前位機関車乗務員が煤煙ガスのため窒息し、トンネル出口まで25m

集煙装置を付けたD51形式蒸気機関車

の地点で列車は前進不能となって停車してしまった。そのため、後位機関車乗務員と車掌たちが、下車してトンネルを脱出して、出口に近い雁ケ谷信号場に連絡した。次いで雁ケ谷信号場に停車していた下り列車の機関車により、トンネル内の列車を救援しようとトンネルに進入したが、救援機関車の乗務員も煤煙ガスで窒息し、5人が死亡した。

原因は編成貨車の重量品積載が多くて実際の列車重量が重く、降雪もあって速度が低下したのに加えて、おそい列車速度にほぼ等しい追風によりトンネル内で煤煙ガスに包まれたためとされる。

同トンネルは鉄道創業期の1884年（明治17年）に難工事で掘られたもので、断面積が特に小さく（後年の標準規格に比べて面積比約71％）、上り25‰勾配とあわせて最大の難所であった。蒸気機関車時代には、長い急勾配トンネルではこの種の事故が後を絶たなかったため、地上側の対策として列車がトンネルに入ると、入口に遮断幕を降ろして空気の出入を遮断する設備（煤煙に巻かれないため）が全国の要注トンネルに整備された。戦後には機関車側の対策として煤煙が運転室に入らぬように集煙装置が考案されて、急勾配トンネル区間を運転する蒸気機関車の煙突に取り付けられた。

(12) 久大線の機関車ボイラー破損事故

1930年（昭和5年）4月6日12時10分、久大線（単線、通票閉塞式）鬼頭～小野屋間を下り第5旅客列車が進行中、後進牽引蒸気機関車（8550形式、九州鉄道時代のアメリカのスケネクタディ社1906年製）のボイラー内火室天井板が膨張してクラウンステーから脱出し、蒸気熱湯が噴出、前部の煙室扉を吹き飛ばして次位の客車に侵入し、23人が死亡、4人が負傷した。なお運転室側にも焚口から高熱の蒸気が直線的に噴出して、テンダーの石炭を吹き飛ばし、機関車乗務員は軽い火傷を負った。

原因は、ボイラーの欠水と下り勾配の後進運転で空焚状態になっていたとしているが、このような状態で働く溶栓（内火室天井板に2個取り付け）から蒸気が漏れ始めているのに機関助士が気づいて、火床の火を落とそうとロッキングハンドルに手をかけようとした時の出来事であった。機関車状態には特に欠陥がなく、原因は機関車乗務員の不注意によるものとの門司鉄道局の発表に対して、機関車配置の大分機関庫の従業員の一部は猛烈に反発し、ボイラーの詳細な検査や溶栓の材質なども調べている。

対策の一つとして、機関車の折り返しの豊後森駅に転車台を新設して、条件のよくないバック運転を解消した。

(13) 東海道線の分岐器過速による急行列車脱線転覆事故

1930年（昭和5年）4月25日7時1分、東海道線（複線、自動閉塞式）石山駅で下り第5急行旅客列車（機関車C53形式、客車14両、換算57両）が17分おくれて運行中、石山駅の下り本線には先行列車が停車していたため、中線を通過させようと場内信号機に注意信号を現示していたが、急行列車は減速しないため分岐器で機関車と客車2両が脱線転覆し、客車5両が脱線し、13人が負傷した。

原因は、急行列車の機関車乗務員の場内信号機の誤認で、分岐器の制限速度35km/hを大きく超過したため。後年もこの種の事故は繰り返された。

その後、ATSと分岐器速度制限警報装置の採用により対策が講じられている。

(14) 山手線の信号冒進による電車追突事故

1930年（昭和5年）9月13日18時32分、山手線（複線、自動閉塞式）有楽町～新橋間で、閉塞信号で停車中の外回り山手線1715電車（編成4両）に、続行の京浜線桜木町行き電車（編成4両）が追突し、1両が脱線、3両大破し、102人が負傷した。

原因は、京浜線桜木町行き電車が閉塞信号の停止現示により一旦停止して、規程通りの15km/hの最徐行の注意運転をしていたが、曲線で前方の見通しが悪く、先行電車を認め非常ブレーキをかけたが間に合わなかったためと証言している。

(15) 山陽線の分岐器過速による急行列車脱線転覆事故

1931年（昭和6年）1月12日3時57分、山陽線（複線、双信閉塞式）河内駅を通過中の下関発東京行上り第10急行旅客列車（機関車C53形式、客車13両、換算51両）の機関車が構内出口の分岐器付近で左側車輪が浮き上がって脱線転覆し、続いて次位以下の客車が引上げ線に進入して車止めを突破し、前位4両の客車が椋梨川に脱線転落、続く3両が脱線し、乗客7人が死亡、190人が負傷した。

本事故時、河内駅駅員が転覆事故の発生で、事故15分後にくる対向の下り列車を緊急停車させるため下り本線を走って、レールへの信号雷管の設置が間に合い、列車衝突事故を防止できた。

脱線原因は、10番分岐器（リード曲線半径158m）の片開き側の通過制限速度

山陽線の急行列車脱線転覆事故

35km/hを大きく超過（推定80km/h)していたためとされた。しかし、河内駅の前後の区間は大正末年に複線化が完了していたから、通過列車が制限速度の低い10番分岐器の片開き側を通過するような構内配線になっていたとは、常識では考えられない。

事故後の法廷で、機関車乗務員は河内駅の低い制限速度については知らされていなかったと証言しながら、機関士は一審で速度超過の理由で禁固8ケ月を求刑され、2年後の控訴院で罰金300円と軽減されて裁判を終えている。制限速度などについての鉄道局の参考人の証言も残っているが、制限速度の低い分岐器通過の理由や機関車乗員に対する通告などについては、法廷の記録からは理解できない内容である。

本事故に鑑み、要注箇所の速度制限標の建植が推進された。

(16) 根室線の運転扱いミスによる貨物列車脱線転覆事故

1933年（昭和8年）10月17日11時38分ごろ、根室線（単線、通票閉塞式）狩勝～新得間（旧線で戦後に勾配改良のルート変更で新線に変わった）を下り臨時第2103貨物列車（機関車9600形式、貨車34両、換算53両）が運転中、25‰勾配区間で次第に速度を増し、機関車の逆転機を反転してシリンダーブレーキとするなどの非常措置をとったが及ばず、曲線で機関車と貨車34両が脱線転覆し、1人が死亡、6人が負傷した。

原因は狩勝駅での長時間停車中に、機関車の空気圧縮機の蒸気止弁を閉じたまま、発車時に開放を忘れ、また運転開始時に空気圧力計を確認しなかったため、圧縮空気がなくなって空気ブレーキが機能しなかったため。戦前の脱線車両最多の事故であった。

(17) 山陽線の閉塞扱いミスによる列車追突事故

1933年（昭和8年）11月12日11時4分、山陽線（複線、双信閉塞式）宝殿～曾根間で、下り第43旅客列車の機関車（C51形式）の空気ブレーキ装置の制動管継ぎ手が折損し停車して応急手当中、続行の第55急行貨物列車（機関車D50形式、貨車57両、換算98両）が追突して、機関車、客車2両、貨車17両が脱線した。

原因は、宝殿駅信号掛の問い合わせに対して、曾根駅信号掛は第43列車がすでに通過したものと憶測し、到着合図の送信を失念した旨応答して双信閉塞機を扱い、宝殿駅信号掛は続行の第55急行貨物列車を通過させたため。
双信閉塞方式は人の注意力にたよる点があるため、この種の事故の有り得ることを実証した事故で、自動閉塞化が推進された。

(18) 東海道線の台風による列車脱線事故

1934年（昭和9年）9月21日8時35分、東海道線（複線、自動閉塞式）瀬田～石山間の瀬田川鉄橋を徐行しながら進行中の下り第7急行旅客列車（機関車C53形式、客車11両、換算46両）が、折からの室戸台風の強い横風をうけて、3両目以下の9両が脱線して上り線橋梁に傾斜し、16人が死亡、216人が負傷した。
当日、近くの京都測候所の記録では最大瞬間風速41m/secとされている。そのころの気象観測能力では、最近のように台風の動きを正確にとらえることができず、おそらく台風の目に入って風が弱まり、列車の運転も徐行なら可能と判断したとされる。
上り旅客列車で鉄橋から転落していたら、大事故になっていたであろう。
本事故を契機に、主な駅に風速計を設けて、風速による運行抑制が規程化された。

(19) 盤越東線の土砂崩れによる列車脱線転落事故

1935年（昭和10年）10月27日18時28分ごろ、盤越東線（単線、通票閉塞式）川前～小川郷間で、上り第20旅客列車（機関車8620形式、客車8両）が鞍掛トンネルを通過して間もなく山崩れの土砂に突っ込み、機関車と客車3両が8m崖下に脱線転落し、12人が死亡、50人が負傷した。
防災設備の見直し強化が要望された。

(20) 北陸線の列車火災事故

1936年（昭和11年）1月13日15時17分ごろ、北陸線（単線、通票閉塞式）福井～森田間を上り第606旅客列車が進行中、客車の洗面所付近で火災が発生し、乗客の避難誘導と火災客車の分離に努めたが、2両が全焼し、4人が死亡、4人が負傷した。
出火の原因は、乗客の持ち込んだ揮発油の缶に煙草の火がついたとされている。
死亡者を出した最初の列車火災事故であった。

4-3 発展期の保安

輸送力の増強と保安・扱い作業者の傷害防止の面から改善が長年の懸案になっていた連結器が、1925年（大正14年）に一斉に自動式に取り替えられた。次いで、直通空気ブレーキ装置の取り付けが1931年（昭和6年）に全車両で完了して、輸送力増強とともにスピードアップに貢献するとともに、保安度が画期的に改善された。

連結器の自動化、空気ブレーキの採用とともに、信号保安設備の改善も要請され、電気転轍器・軌道継電器・連動機・色灯自動信号機などの電気信号の規格化とともに国産化が推進され、まず主要幹線から整備された。

保安規程が全面的に改正されて、『運転取扱心得』（略称、運心）が1924年（大正13年）に制定され、列車の種類と線路規格に応じた最高速度、曲線半径・分岐器番数に応じた制限速度、信号注視の責任は機関士・運転士とする、隔時法運転の廃止などの内容で、その後の保安規程のルーツになった。

運転事故の代表的な列車事故（列車脱線、列車衝突、列車火災など）の列車キロ10^6kmあたりの件数は、1921年（大正10年）で2.7件（1996年のJRで0.03件）であった。

4-4 自動連結器への一斉取替え

我が国の鉄道は狭軌ながら、標準軌に大きく劣らない輸送能力を有し、また保安度がすぐれている要因の一つに自動連結器の採用がある。

現在世界112ケ国の鉄道で、自動連結器を採用している鉄道はアメリカ、カナダ、ロシア、中国、韓国、南アフリカなどのみで、多く採用されているリンク式の取り替えは一斉作業を要するため容易でない。我が国の場合は、周到な計画と準備作業により、1925年（大正14年）7月17日に全列車を休止して一斉取替えを完了することができた。

我が国の鉄道は、アメリカの技術を導入した北海道の鉄道を除いて、創業以来の車両は、前後の中央にリンク及びねじ式のかぎ連結器と両端に緩衝器を備えて列車を編成していた。連結するときは、連結手が停車している車両の連結器と両端緩衝器との間に立ち、接近してくる車両の緩衝器が衝突する直前にリンクを

自動連結器への一斉取り替え作業

持ち上げて相手の車両のかぎにかけ、ねじを回して長さを調節し連結作業が終わっていた。狭軌で特に狭い空間で重いリンクを持ち上げる作業は極めて危険を伴い、そのため傷害も多く、改善は人道上の問題ともされていた。また、リンクが人力で持ち上げ可能な重量に制限されるため、リンクの強度によって左右される連結器の引張強度も約10tと弱く、機関車の強力化に伴い列車分離事故も増加していた。

世界の鉄道で自動連結器を普及させたのはアメリカが最初で、1868年にI．ジャーニ氏が考案し特許を取得したこととともに、その後の産業経済の飛躍的な発展のため、列車単位の増強が要望されての所産であった。

アメリカの実情を調査して自動連結器の使用が鉄道運営に望ましいことを確認した結果、創業から47年後の1919年（大正8年）に自動連結器の採用を正式決定し、取替え計画が策定された。

機関車は両数が少なく、配置区での取替えが可能であった。また当時の旅客輸送の主力の客車は原則として一定の編成としていたから、中間の連結器は適宜取替えればよく、一斉取替えの対象は編成両端の連結器のみのため、これも配置区で取替え可能であった。問題は全国運用で所属がなくて両数の多い貨車で、これらをいかにして一斉取替えするかが本工事の最大の焦点であった。準備工事の完了している貨車の前後の連結器取替えに1両当り4人で30分として、当時6万両の貨車を取替える工数は約120,000人時となるが、鉄道工場の従業員約1万人を動員すれば1日で可能と算定した。

従来のリンク式連結器の緩衝器は車端両側にあって、列車の前後の圧縮・衝撃荷重は台枠の側梁に伝えられていた。自動連結器の場合は、中央の連結器の内方に緩衝器を内蔵して、前後の衝撃荷重は中央に受けることになるため台枠の改造が前もって必要で、そのための改造工事が定期検修時に施工され約6年間を要した。次いで、取替えの2年前から、貨車の床下に自動連結器を吊り下げる工事を始めた。これは貨車の連結器取付け部と自動連結器に公差を設けて、相互に互換性があるはずであるが、経年変化や誤差などのため、取替え時に手直しを伴い長時間を要する恐れがあった。また、前もって取替え時の両数と準備した自動連結器の個数を合わせることが難しいこと、約300kgの重い連結器の運搬作業が容易でない等の理由で、取替えテストを済ませた自動連結器を、台枠端梁の下に横向きに懸垂させておくこととした。

連結器の一斉取替えは列車を1日休むため、輸送が比較的閑散な時期で、日中が長く雨の少ない季節で選定し、1925年（大正14年）7月17日と決定された。

機関車と客車は配置区で、貨車はヤード・大駅・鉄道工場で取替えることとし、なるべく貨車の自然の流れに従って当該箇所に集まる両数を想定して、無駄な回送を避けるとともに所要の作業員を配置した。幸い当日は好天に恵まれ、全作業員の早朝からの高い士気と懸命な奮励によって作業は順調に進み、夕刻前にはほとんど完了して、翌日より待望の自動連結器による運転に移行した。

取替えた車両数は、機関車が約3,000両、客車が約6,000両、貨車が約6万両で、要した工事費は約2,500億円であった。1日のみでの一斉取替えとしては世界的にも例がなく、世界の鉄道の称賛を浴びた。

4-5 空気ブレーキ装置の採用

鉄道創業時の列車のブレーキ装置は、機関車の蒸気ブレーキと一部の車両の手動ブレーキのみで、ブレーキ率が小さくブレーキ距離が長かった。列車の最高速度が50km/h程度では特に支障はなかったが、その後、機関車の高性能化、ボギー客車の採用により列車スピードが高められ、また列車単位も増加すると、不貫通ブレーキのままでは保安上問題で、ブレーキ方式の改善が求められた。

北海道の幌内鉄道はアメリカの最新の技術を導入して、当初から空気ブレーキ装置を採用していたが、これを例外とすると、最初に採用された本格的な直通ブレーキ方式は、1890年（明治23年）からの真空ブレーキ装置で、まず前年全区間が完成した東海道線の長距離客車列車に取り付けられ、私鉄ではスピードアップに積極的な山陽鉄道の採用が早かった。

本装置は機関車に搭載した真空ポンプにより、各車のブレーキシリンダーと直通管が真空に近い状態になっていて、機関車でのブレーキハンドルの操作により直通管に空気を送り込むと、各車の弁の作用でブレーキシリンダーの反対側に大気圧の空気が入ってピストンを押し、制輪子が車輪を圧してブレーキが作用する仕組みになっていた。我が国で採用された本装置はアメリカで開発されたものを導入したもので、大気圧と真空圧との圧力差の小さい欠点があったが、後年の空気ブレーキ装置が採用されるまでの約40年にわたって、客車列車で使われた。

現在、世界のほとんどの鉄道で普及している高圧空気を用いた空気ブレーキ装置は、1868年にアメリカのG.ウエスチングハウス氏の発明で、悲惨な大事故の対策としてアメリカの鉄道でまず採用された。しかし、本装置の取付けには相当の費用を伴うため、アメリカの各鉄道での採用までにはかなりの日時を要し、法令によって装備が義務づけられたのは発明の20年後であった。それから30年後の第1次世界大戦前後に、西欧各国の鉄道では採用されていた。

空気ブレーキ装置は、5kg/㎠程度の高圧の空気を使用し、各車に設けた空気タンクと直通管に高圧空気を満たしておき、運転台でのブレーキハンドルを操作すると直通管内の空気が排出され、各車の弁の作用により空気タンクの高圧空気がブレーキシリンダーに流入してピストンを押し、制輪子が車輪を圧してブレーキがかかる仕組みで、真空ブレーキに比べて高圧空気と大気圧との圧力差が大きく、応答性・制御性がよく、シリンダーなどの機構が小型であることが長所になっている。

従って、前述の狭軌のままでの改善強化する方針（P31参照）にも沿い、列車のスピードアップと列車単位の増強を図るために、自動連結器とともに1919年（大正8年）に採用を決めた。方式（機能・コストが異なるため）の選定に苦心し、車両への取付け工事に着手するとともに、関与作業者の教育も始めた。対象車両は直通ブレーキ装置のない貨車の取付けを先行し、貨物列車での使用を開始したのは1930年（昭和5年）で、翌年に旅客列車も使用を始めた。採用を決めてから10年余を要する大工事で、輸送の改善と保安度の向上への貢献度は、自動連結器に勝るとも劣らないものであった。

4-6 標準タイヤコンタの制定

車両の車輪がレールの上を安全かつ円滑に走行するためには、車輪がレールと接触する輪郭（タイヤコンタと称する）が極めて重要である。

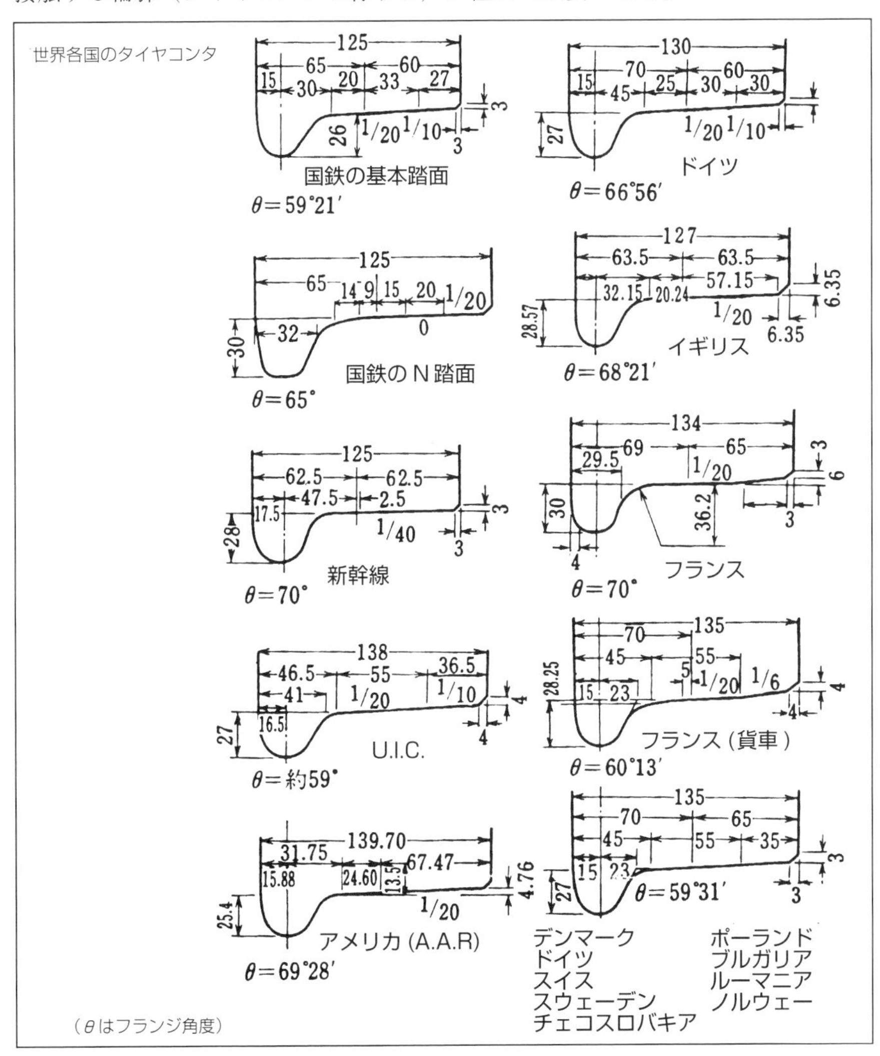

タイヤコンタに求められる条件としては、

① 対脱線性の安全性が高いこと。

② 走行の安定性が優れ、曲線通過が円滑であること。

③ 走行による摩耗が少なく、削正回帰キロが長く、削正時のロスが少ないこと。

④ レールとの接触圧力が大きくならないこと。

一般に鉄道車両の車輪は車軸に固定されているため、曲線通過に②の条件も重要で、①と③はフランジ角度に左右され夫々相反するため、理想的なタイヤコンタをみつけることは至難である。

我が国のタイヤコンタは創業時にイギリスからの輸入車両に使われていたものを、そのまま使用してきたが、その後の研究などを基に1925年ごろに標準タイヤコンタとして制定されたのが現在も引き継がれている。

別図は世界の鉄道のタイヤコンタであるが、戦後に制定されたUIC（国際鉄道連合）の標準規格に、我が国のものが最も近似していることを考えると、我が国の標準タイヤコンタは理想に近いものであろう。

5 戦時期
(1937～45年)

長い不況後に戦時体制になって鉄道輸送は増加に転じ、1937年（昭和12年）に勃発した日中戦争以降の客貨の増加は著しく、鉄道輸送は質の改善よりも量の増強に追われた。戦時体制下の資材難、労力不足の条件下で、輸送力増強のための列車単位と列車回数の増加に対応して、即効的な施設の改良工事（信号場の増設、駅ヤードの有効長の延伸、自動信号化）と戦時設計の強力機関車と貨車の量産を最重点とした。

昭和期になって快速性能のガソリンカーが普及していたが、戦時体制で油の統制で供給が停止されたため運転休止となり、運転用の動力源は国産の石炭と水力発電にたよるのみになった。

戦時体制で輸送需要が急増すると、あらゆる増強策を推進したが、最重要幹線の東海道・山陽線は大陸とをつなぐ交流も増えているため、長期的な恒久策を立てる必要に迫られた。その結果として具体化したのが、高規格の標準軌別線の建設で、1940年（昭和40年）に帝国議会で東京～下関間15年（姫路まで10年）の工期が議決された。本工事は戦争中に中止されてしまったが、戦後の新幹線に受け継がれた。保安に関して戦後の新幹線と異なる点は、若干の踏切を残すこと、CTC装置がないこと、列車は蒸気及び電気機関車牽引としていたことである。

次いで、1941年（昭和16年）に太平洋戦争に突入すると、船舶徴用のため海運から鉄道輸送への転嫁も加わって、鉄道は最大限の輸送力が要請された。そのため、極限設計ともいえる機関車や3軸無蓋貨車が、兵器並みに量産された。これらの車両は資材難による機能の低下、安全余裕の不足などのため、故障の発生も増える一方であった。

列車の運転は、軍需輸送を優先とした貨物列車を増やして、旅客列車は通勤列車以外は削減の対象とし、不要不急の旅行は押さえられ、切符の発売も制限された。

応召された職員の補充には、若年者や戦争末期には女性まで採用され、技量の低下に伴う運転事故も増えた。

本州と九州を直結する関門海底トンネルは戦時中の最優先工事として推進され、我が国初となるシールド工法などの新技術を駆使して、1942年（昭和17年）に単線が、44年に複線が完成して連絡船に代わった。このトンネルは本州対九州の輸送改善に大きな効果をあげた。

戦争末期には資材難、人手不足、技量の低下、食料難などに加えて、B29による空襲、艦載機の攻撃などによる戦災のため、施設車両の状態は悪化の一途をたどって、終戦を迎えた。

長い戦争による疲弊と先行きへの絶望で国民の大部分が虚脱の状況の中で、鉄道だけが削減されたダイヤながら一日も休まず動いていた。

5-1 戦時期の海外の重大事故

(1)イタリアのトンネル内における窒息事故

1944年3月2日、イタリアの東西海岸を結ぶ山越の横断線のアルミトンネル（バルバノハの近く）内の勾配線途中で、重連の蒸気機関車牽引の旅客列車が失速して停車し、煤煙の悪性ガスのために426～569人が死亡した。戦争中で正確な死亡数は不明。第2次大戦末期の1943年にイタリアが降伏し、1944年のイタリア本土はドイツ軍と米英軍との交戦場であった。機関車の整備状態や石炭の質などが悪化していて、トンネルへの空気の流通もない最悪の条件であったのであろう。

5-2 戦時期の重大事故

(1) 山陽線岡山駅構内の信号扱いミスによる列車追突事故

1937年（昭和12年）7月29日2時34分、山陽線（複線、自動閉塞式）岡山駅構内で発車して加速中の下関行下り第1特急旅客列車（機関車C53形式、客車11

山陽線岡山駅構内の信号扱いミスによる列車追突事故

両、換算 45 両）に、続行の臨時第 1101 旅客列車（機関車 C51 形式、客車 8 両、換算 27 両）が追突し、特急列車の展望車などの客車 3 両が破損し、6 人が死亡、64 人が負傷した。

原因は前日の駅構内の信号機の改良工事により、信号所での操作が変更され、信号掛が錯覚して操作を誤ったとされている。代表的な列車の追突事故で社会の指弾が厳しく、関係者の責任体制の明確化と訓練の徹底が強く要望された。

(2) 東海道線豊橋駅の信号扱いミスによる列車三重衝突事故

1937 年（昭和 12 年）9 月 11 日 19 時ごろ、東海道線（複線、自動閉塞式）豊橋駅近くで、停車中の上り第 1358 臨時貨物列車に上り第 712 旅客列車が追突し、追突された貨物列車の最後尾貨車が粉砕、貨車 2 両と追突した旅客列車の機関車が脱線大破し、貨物列車の車掌 1 人が死亡した。次いで、隣線を進行してきた下り第 67 貨物列車が転覆した貨車に衝突し、第 67 列車の貨車 3 両が脱線転覆した。

原因は追突された臨時貨物列車が約10分おくれていたため、豊橋駅信号所の信号掛は貨物列車は構内に入ったものと推定して、場内信号機を進行現示としたためで、確認の励行の徹底が要望された。
後年は駅構内の全面自動化により、この種の事故はなくなった。

(3) 鹿児島線の列車火災事故

1937年（昭和12年）12月27日16時47分、鹿児島線（複線、自動閉塞式）小倉～上戸畑間を上り第12旅客列車（機関車C55形式、客車11両、換算35両）が走行中、4両目の客車より火災が発生、車掌が車掌弁を使って急停車し、乗客の避難誘導と消火に努めたが、火災は前後の2両にも延焼し、9人が死亡、36人が負傷した。

原因は乗客が玩具製作材料のセルロイド管をもちこみ、下車準備で網棚から下ろした際に、誤って自身の煙草の火がついたためとされる。

(4) 山陽線の築堤崩壊による列車脱線転覆事故

1938年（昭和13年）6月15日3時58分、山陽線（複線、自動閉塞式）熊山～和気間で、下関発京都行上り第110旅客列車（機関車C53形式、客車13両、換算45両）が走行中、列車を乗せたまま築堤が崩壊して機関車と前より4両目までの客車が脱線転覆し、脱線から1分以内に京都発宇野行下り第801旅客列車（機関車C51形式）が、脱線して下り線を支障していた上り第110旅客列車の5両目の客車の側面に激突し、25人が死亡、108人が負傷した。

原因は、曲線緩和改良のため新たに盛土した築堤が、長雨による盛土の中の伏流水により列車の重量で斜面に滑って崩壊したことによる。崩壊の理由は、盛土工事の勾配率や水抜き不足などの設計および施工管理のミスとされた。

前より1両目の増結客車は木製構造のため、機関車と続く鋼製客車に挟まれて粉砕した。この増結客車には、宮島へ修学旅行に行った帰りの和歌山県橋本高等小学校の生徒が乗っていて、死傷者が最も多く、重傷を負いながら生徒たちの安否を尋ねたとする引率の教師3人の最後の状況が、救助された生徒から伝えられて世の同情を集めた。

山陽線の前身の山陽鉄道は、創業期の中上川彦次郎社長の方針で、最大勾配率を10‰の線形として牽引列車単位を大きくしていたが、そのため急曲線が多くなり、国有化後にこの種の曲線改良工事が続けられていた。

本事故に鑑み、築堤の設計（水抜きなど）・施工管理の見直しが行われた。

(5) 西成線でのガソリン動車脱線火災事故

明治期に臨港線として建設された西成線（現在のJR桜島線）は、乗客が少ないため旅客輸送を廃止することも検討されたが、ガソリン動車を入れて頻発ダイヤにすると利用客が増加し、次いで戦時の軍需工場の増設で通勤客が激増していた。当時のガソリン動車は総括制御装置がなく単車運転が原則のため、西成線の朝のラッシュ時には各車に運転士が乗ってブザー合図で連携制御する3両編成の運転で対処していて、抜本的な対策として電車化が要望されていた。

1940年（昭和15年）1月29日6時56分、西成線（単線、通票閉塞式）安治川口駅構内で、下り第1611ガソリン動車列車（キハ42000形式3両編成）が下り本線に到着の際、最後部車が通過中に下り1番線への分岐器が途中転換し、後部台車が下り1番線に進入して、しばらく両線にまたがって走っていたが、前後台車の間隔が広まり車輪がレールを曲げて脱線、次いで構内を横断している踏切道の敷石に衝突して線路と45度の角度で横転した。

その際に動車床下のガソリンタンクが破損し、洩れたガソリンに何かの火が引火して、横転車は猛炎に包まれて全焼し、190人が死亡、82人が負傷した。死因のほとんどは火災による窒息死であったという。

標準客車より一回り小さいガソリン動車に、300人近くも乗っていて身動きもで

西成線でのガソリン動車脱線火災事故

きない超満員の状態での、一瞬の横転火災、強い西風という不運な悪条件が重なって、我が国の鉄道史で死者数最多の大事故となった。

原因はガソリン動車列車の安治川口駅到着が3分半おくれ、安治川口駅の信号所信号掛がガソリン動車列車の到着の確認不十分のまま、続行の下り臨時旅客列車の到着線に対する分岐器の転換扱いを急いだためであった。臨時旅客列車は限界を越えた西成線の輸送力を補うために、蒸気機関車の客車6両牽引で大阪駅から安治川口駅までノンストップで、事故列車に続行して安治川口駅下り1番線に到着するダイヤのため、ガソリン動車列車の到着おくれに焦って、安治川口駅の信号掛は分岐器通過を十分確認せずに転換操作した。

本事故は刑事事件として起訴され、信号機と分岐器を扱った安治川口駅信号掛2人には禁固2年が判決された。

本事故の対策として、分岐器の途中転換防止の保安装置を整備するとともに、抜本的の輸送改善として西成線大阪～桜島間7.7kmの電化が緊急に採り上げられて、翌1941年（昭和16年）5月に電車運転に代わった。

引火点の低いガソリンを燃料とする内燃車のガソリン動車が、戦後ディーゼル動車に代わったのは、高い機関効率と経済性のほかに本事故の悲惨な教訓もあった。

(6) 米坂線での雪崩による列車脱線転落事故

1940年（昭和15年）3月5日8時45分、米坂線（単線、通票閉塞式）小国～玉川口間のトンネル出口の荒川橋梁が雪崩の直撃をうけて崩壊した直後に、米沢発坂町行下り第103混合列車（機関車8620形式、貨車2両、客車3両）がさしかかり、最後部客車を残して、25m下の荒川に脱線転落し、6人が死亡、30人が負傷した。

米坂線は1937年に開業して間もなくで、防災の不備が指摘された。

(7) 常磐線四ツ倉駅での信号扱いミスによる列車追突事故

1941年（昭和16年）1月18日18時5分、常磐線（単線、通票閉塞式）四ツ倉駅に停車中の上り第850貨物列車（機関車D51形式、貨車47両、換算91.5両）に、続行の上り第263旅客列車（機関車C51形式、客車6両、換算21両）が約50km/hで追突し、機関車と客車2両が脱線転覆し、2人が死亡、9人が負傷した。

原因は、第850貨物列車到着後、基本作業である場内信号機の復位（進行→停止）を怠ったためで、また第850貨物列車の入替え作業が多く発車も遅れていた。

単線での決定的とされた通票閉塞式が、閉塞装置と信号機とが連動していない欠陥を証明した事故でもあった。

(8) 東海道線の信号冒進による列車三重衝突事故

1941年（昭和16年）3月26日21時51分、東海道線（複々線、自動閉塞式）塚本駅で、北方線から下り本線に入るはずの下り第283貨物列車（機関車D50形式、貨車43両、換算77両）が、出発信号機の停止現示を誤認して、約40km/hで安全側線に進入して車止めを突破し、機関車と貨車13両が脱線転覆、2両が脱線して下り内外本線を支障した。折りから下り外側本線を82km/hで力行運転してきた下り第711旅客列車（機関車C51形式、客車6両、換算23両）の機関士が、出発信号機の約70m手前で停止現示を認めて非常ブレーキを扱ったが及ばず、転覆貨車に衝突して、機関車と客車が脱線転覆した。不運にも、次いで下り内側本線を進行してきた下り第3201電車（編成2両）も衝突し、3人が死亡、147人が負傷した。三重衝突の大規模な事故のわりに死者が少なかったのは、遅い時間帯で乗客が少なかったためであった。

本事故の直接の原因は、機関車乗務員の信号誤認であるが、この場合の安全側線は被害の軽減に必ずしも役にたっていない。後年の三河島事故と非常に似た三

東海道線の列車三重衝突事故

重列車衝突事故が20年前に起きていた訳だが、特別の対策をとった記録は残されていない。

(9) 山陽線の信号冒進による列車追突事故

1941年（昭和16年）9月16日18時12分、山陽線（複線、自動閉塞式）網干駅に上り第116旅客列車（機関車C57形式、客車9両、換算36両）が一番線に23分延着し、先行列車の隣りの英賀保駅到着を待ちあわせ中（網代～英賀保間の自動信号機は当日の落雷による停電のため、閉塞を通信式に変更していた）、後続の上り下関発東京行第8急行旅客列車（機関車C53形式、現車13両、換算54両）が、場内信号機の停止現示を冒進して約85km/hで第116列車に追突し、第116列車の後部客車4両と急行列車の機関車、客車3両が脱線転覆し、65人が死亡、110人が負傷した。追突時の速度が高かったため、車両相互間の食い込みがすさまじく、生存者が残っていたためガス切断が思うようにできず、負傷者の救出と死亡者の確認に約18時間を要した。

この種の信号冒進事故は後を絶たず、動力車乗務員の教育訓練や注意力強化のモラル高揚のみでは絶滅は不可能とされ、本事故を契機に国鉄でもATSの採用に本格的に取り組むことになった。

現在、鉄道全般として順守されている信号機の注意現示時の45km/h以下の徐行運転は、本事故を契機に、事故区間を所管していた岡山管内での試用期間を経て、後年全国的に普及したのであった。

山陽線の列車追突事故

本事故当時の自動閉塞信号機の注意現示時の列車速度は、動力車乗務員の自主的判断に任せられていたため、多少の減速をしても次の信号機の進行現示を予想し、かつ減速による不利を減らすため一般に45km/h以上で運転しており、次の信号機では停止現示に遭遇する機会が多かった。岡山管内での試用期間の実績では、45km/h以下で徐行運転した場合は、停止現示に遭遇する回数が従来の自主的判断の扱いよりほぼ半減して、列車の遅延時分も約70%に減少し、保安上と列車運転効率のいずれの点でも有利と判定された。この注意現示で45km/h以下の徐行運転は広島局全般で採り上げられ、その後、全国的に採用されることになった。

徐行速度45km/hとしたのは蒸気機関車時代のもので、その後の車両の近代化により運転台からの前方見通しとブレーキ性能が改善されて、50km/h以上に向上している例が多くなっている。

(10) 豊肥線の路盤軟弱化による列車脱線転落事故

1941 年（昭和 16 年）10 月 1 日 10 時 40 分、豊肥線（単線、通票閉塞式）竹中～中判田間で、下り第 501 旅客列車（機関車 8620 形式、客車 6 両、換算 18 両）が河原内鉄橋にさしかかった際、前夜来の豪雨で鉄橋橋台下が濁流で洗掘されていたため、全列車が脱線して機関車と客車3両が立小野川に転落して、44人が死亡、72人が負傷した。

鉄橋橋台下が濁流で洗掘されたこの種の事故が発生したのは極めて珍しく、天災による事故としては希有のものであった。

(11) 常磐線の信号冒進による列車追突事故

1941 年（昭和 16 年）11 月 20 日 7 時 10 分、常磐線（複線、自動閉塞式）北千住駅の北方 200m 付近で、成田発上野行第 910 旅客列車（機関車 8620 形式）が濃霧のため停車中、続行の土浦発上野行第 210 旅客列車（機関車 C51 形式）が追突し、機関車が最後部客車に乗り上げて客車を破壊し、6 人が死亡、11 人が負傷した。

追突列車の機関士の供述では、10m 先も見えない濃霧のため一旦停車し、緩い下り勾配を最徐行で進んだところ、霧の中に先行列車を発見して非常ブレーキを扱ったが及ばなかったとしている。

濃霧の場合などのこの種の運転では前途の見通しの範囲内で停止することができる速度で注意運転しなければならないが、本事故はやや速度が高かったのであろう。

(12) 鹿児島線のレール張り出しによる列車脱線事故

1943年（昭和18年）6月9日9時7分、鹿児島線（複線、自動閉塞式）海老津～遠賀川間で上り第170貨物列車（機関車D51形式、貨車47両、換算100.5両）が、半径600mの曲線の下り勾配区間を惰行運転中、7両目のセム形石炭車と18両目のセム形石炭車が脱線したまま進行し、31m離れて7両目以下の11両が脱線転覆、これから160m離れて10両が脱線転覆して下り線を支障し、さらに58m離れて28両目以下の6両が脱線した。すなわち40両の貨車が470mの間に3群になって脱線転覆した。

脱線の直接の原因は、当日の急激な異常高温によるレールの張り出しとされ、関連する列車衝突事故が避けられたのは幸いであった。

(13) 常磐線土浦駅構内の入れ替え作業ミスによる列車衝突事故

1943年（昭和18年）10月26日18時54分、常磐線（複線、通信閉塞式）土浦駅構内で貨車が入替え引き上げ時に信号所の信号掛の誤った扱いで上り本線に進入し、上り通過列車の方向になっていた分岐器を割り出して停車し、上り本線を支障した。3分30秒後に土浦駅通過の上り第254貨物列車（機関車D51形式、貨車48両、換算115両）が進行してきて本線上の貨車に衝突し、機関車が脱線したまま約50m進行して桜川鉄橋手前の下り本線を支障して転覆し、つづく貨車14両は上下線にまたがって脱線転覆した。次いで2分30秒後に平行下り第241旅客列車が進入してきて、貨物列車の機関車に衝突し、機関車と客車4両が脱線転覆し、4両目客車が桜川鉄橋より転落して水没し、110人が死亡、107人が負傷した。

事故の直接の原因は、入替え貨車の上り本線への進入で、信号掛の取り扱いミスと操車掛の進路不確認によるものであった。本事故の責任者として操車掛と信号掛が起訴され、操車掛が禁固3年、信号掛が1年半と判決された。しかし、その後の両列車の進入を、場内信号機や防護手段などにより何故押さえられなかったのか、南部信号所の信号掛は近くで発生した脱線転覆の大事故を見て茫然自失の状態で、死傷者を多く発生した下り旅客列車を停止させることができたのに、事故後に何らの操作ができず、また操車掛は上り貨物列車を止めるため北部信号所へ走ったが、時間的に間に合わなかったとされる。

死傷者が多かった大事故であるが、まず列車防護を緊急に行うべき教訓が生かされず、戦後にも同様な大事故を招いているのが残念である。

(14) 山田線の雪崩による列車脱線転落事故

1944年（昭和19年）3月12日7時56分、山田線（単線、通票閉塞式）で雪崩により鉄橋が流されていたため、下り貨物列車の機関車（C58形式）と貨車5両が脱線して谷底に転落し、機関士が死亡、機関助士が負傷した。機関車と炭水車との間にはさまれて重傷を負った機関士は、駅への緊急連絡を機関助士に指示して息絶えた。

本事故は戦後制作されて感動を呼んだ東映映画『大いなる旅路』のモデルになり、実物の列車による転落シーンが山田線の事故地付近で撮影された。

(15) 高野電気鉄道線の停止扱いミスによる電車脱線転覆事故

1944年（昭和19年）9月3日18時ごろ、高野電気鉄道線（現在の南海電気鉄道高野線、単線、自動閉塞式）紀伊細川～上古沢間を下り極楽寺行電車（編成2両）が運転中、床下より火を吹いたため急停車して調査していたところ、電車が33‰の急勾配を転走し高速になって曲線で脱線転覆し、71人が死亡、138人が負傷した。

原因は停車時のブレーキ扱いが不十分であったため。火災の原因などの記録は社史に一切残されていない。

(16) 山陽線での妨害による列車脱線転覆事故

1944年（昭和19年）6月22日9時26分、山陽線（複線、自動閉塞式）明石駅構内で上り第12急行旅客列車（機関車C59形式、客車14両、換算51両）が通過中に、突然機関車が脱線転覆して民家に突入、第1位客車も脱線転覆、次位の5両も脱線傾斜し、4人が死亡、36人が負傷した。

原因は、何者かがレールの上に小石を並べたのに乗り上げたものとされた。

(17) 山陽線の信号冒進による列車追突事故

1944年（昭和19年）11月19日1時56分、山陽線（複線、自動閉塞式）上郡～三石間で、下り第233旅客列車（機関車C57形式、客車11両、換算38両）が閉

塞信号機の停止現示で停車中、後続の下り第345貨物列車（機関車D52形式、貨車56両、換算104両）が追突して、追突した機関車と貨車4両が脱線、追突された客車5両が脱線大破して、38人が死亡、59人が負傷した。

原因は貨物列車の機関車乗務員の仮眠による信号冒進であった。事故を起こした機関士は後に、責任を負って機関車の火室に身を投じて自殺した。

(18) 高山線の競合による列車脱線転落事故

1945年（昭和20年）1月10日9時21分、高山線（単線、通票閉塞式）飛騨金山～焼石間の益田川第4鉄橋を走行中の、高山行下り第303旅客列車（機関車C58形式、客車6両、換算18両）の第2・3両目客車が途中脱線して、益田川に転落、1両は大破、1両は粉砕し、43人が死亡、56人が負傷した。

後年の1968年（昭和43年）8月21日に、本事故の近くの国道で観光バスが山崩れのため飛騨川に転落した事故は世間を大きく騒がせたが、本事故は戦時中のためあまり問題にならなかったのか、鉄道側も事故調査の詳しい記録が残っていない。

原因は、線路の軌間が拡大して、またレールと車輪の異常摩耗も要因とされ、ボギー旅客車のこの種の途中脱線は、国鉄・民鉄の過去にもない珍しい事故であった。戦中戦後の施設車両の状態悪化が一因であろうか。

(19) 飯田線の落石による電車脱線転落事故

1945年（昭和20年）2月17日7時38分、飯田線（単線、通票閉塞式）三河槙原～三河河合間を下り第201電車列車（編成2両）が進行中、突然山腹から巨岩8個が落下して電車を直撃し、電車は6m下の三輪川に脱線転落し、20人が死亡、23人が負傷した。

飯田線は豊川・鳳来寺・三信・伊奈電気の4つの私鉄によって建設され、戦時中の国策により1943年（昭和18年）国鉄に買収されて間もない大事故であった。事故の発生した区間は山谷が険峻で、その後もこの種の落石事故が再三起き、長年にわたって防災工事が続けられた。

(20) 山陽線の空気コック閉鎖による列車衝突事故

1945年（昭和20年）4月21日17時31分、山陽線（複線、自動閉塞式）瀬野～

八本松間で、下り臨時第3033軍用列車（機関車D51形式、貨車37両、換算44両）が、20‰の下り勾配で速度制御をすべくブレーキを扱ったが減速せず、ますます加速するため非常ブレーキとし、次いで逆転機を反転してシリンダーブレーキにして減速に努めたが効果なく、約90km/hで疾走して、先行の約40km/hで運転中の第2869貨物列車に追突し、追突列車の機関車と貨車31両が脱線転覆、先行列車の後部補機も脱線転覆して、4人が死亡、20人が負傷、軍馬85頭が死傷した。

原因は、停車中の23両目貨車の空気ブレーキ装置の空気コックが何者かにより閉鎖され、直通ブレーキが機能しなかったため。

(21) 戦時形蒸気機関車のボイラー破裂事故

蒸気機関車のボイラー破裂事故は、我が国の鉄道の約70年間に1898年（明治31年）の九州鉄道と、1924年（大正13年）の豊肥線の2件のみであったが、終戦前後にかけて戦時形蒸気機関車のボイラー破裂事故が、あい次いで起こった。

1945年（昭和20年）8月11日7時14分、山陽線（複線、自動閉塞式）万富駅通過中の上り第2旅客列車（客車9両、換算34両）牽引のD5282機関車のボイラー内火室天井板が突然破裂して、気水噴出の衝動によりボイラーは煙室胴と過熱管のみを残して、台枠から飛び上がって向いのホーム上に落下した。列車はそのまま約400m進行して停車し、客車2両が脱線大破、2両が中破、機関車乗務員2人が死亡、1人が負傷した。

破裂の原因は、ボイラー内火室と燃焼室との接合電気溶接部が離脱したためで、1年足らず前の車両メーカーによる新製時の工作不良によるものであった。

戦時設計のD52形式機関車のボイラー破裂事故は同年10月19日に東海道線醒ケ井駅構内でD52209、同年12月7日の山陽線吉永～三石間でのD52371とあい次いで発生した。太平洋戦争では船舶不足のため九州･北海道対本州間の海上輸送が困難になり、全面的に鉄道輸送へ転嫁されて、最重点的に量産されたのがD52形式機関車であった。ボイラー破裂の原因となった工作不良は、ボイラー板・溶接棒の品質低下、応召による作業者の技量低下、連続超過勤務・夜間作業による疲労、電力不足による停電などによるものであった。戦時の非常体制で鉄道車両は兵器なみに優先生産されたが、前述の理由で粗製に陥らざるを得なかった。

これらの事故に鑑み、戦時形機関車のボイラーは検査の強化と、一部の規定圧力の低下（1kg/㎠程度）により切り抜けた。戦後にはX線検査の導入により、不良ボイラーは全面的に取り替えられた。

5-3 戦時期の保安

職員の応召と軍属転出により補充の若年者の短期養成が必要となり、列車防護などの保安取り扱いはできるだけ単純化され、一部列車では車掌の乗務が省略された。

戦争末期には空襲の激化により、通信途絶の非常時を前提とした、隔時法運転等の特殊扱いが定められた。

終戦ごろには無理な輸送と施設・車両の状態悪化のため、事故の件数は鉄道史上で最多を記録し、列車事故件数では1940年（昭和15年）の列車10^6kmあたり0.54件が、1945年（昭和20年）には3.21件の6倍に増加した。

動力車乗務員の信号冒進事故は後を絶たず、教育訓練とモラルの高揚、注意力の強化のみでは防止が不可と判断され、抜本的なバックアップ装置としてATSを装備する方向が具体化し始めた。

種々検討の結果、1942年（昭和17年）に連続コード式を決めて、当時海運からの転嫁輸送で輸送力の強化が要請されていた山陽線に設置を緊急工事として推進された。しかし、終戦直前の戦災で資材が焼失して未完成になり、やがて戦後の混乱とGHQ（連合軍総司令部）により不急の工事とされて不許可となり、ATSの採用は放置されてしまった。

5-4 戦時期の輸送非常対策

戦時下の資材難、人手不足の悪条件で最大限の輸送力の増強が図られたが、保安度に関連する事項を拾ってみよう。

機関車の強力化（D51形式のボイラー圧力14→15kg/cm²、D52形式）による列車単位の増強に応じられるよう、駅・ヤードの有効長延伸を図るとともに、列車回数の増加のための自動信号化、自動閉塞信号機の増設、単線の駅間距離の長い区間に列車の行き違いのできる信号場の新設などであった。終戦時には、全国で行き違い信号場が173ケ所を数えたが、このうちの約60%の104ケ所が戦時中の新設であった。

珍しい信号場として、室蘭線静狩～礼文間のトンネル区間に設置された小幌信号場はトンネル内に分岐器をおき､行き違い線をトンネル内を含めて延長 800m として安全側線を廃止し、新方式の連動閉塞式を初めて採用するという苦心の設計で、北海道炭の本州への陸上輸送に対処したものであった。

従来の単線自動閉塞式は、駅構内にも軌道回路を設けて閉塞区間としていたため工事費が割高になっていたが、連動閉塞式は軌道回路を設けた閉塞区間は駅間のみに簡易化したものであった。しかし、一方の駅の出発信号機が進行現示の時は、他方の駅の出発信号機は自動的に停止現示になって、駅間の閉塞は確保されていた。

以上の工事や補修に必要な資材を捻出するため、閑散線（例：白棚線）の休止や、余裕のある複線（例：御殿場線）の単線化などにより、レール、枕木、鉄橋、信号機などの資材の転用を図った。この窮余の施策により休止になった線区は、20 線、305km（全営業キロの約 2%）に及んだ。

輸送力の極限発揮のため車両についても、資材難、労力不足の中で、新製は貨物用機関車、貨車、通勤電車に重点をおいた。設計については強度ぎりぎり、耐用については数年間とし、入手し易い代用材をできるだけ使用した。

D52 形式蒸気機関車、EF13 形式電気機関車、63 形通勤電車、トキ 900 形式 3 軸無がい貨車などは代表的な戦時形車両で、車両設計ではこれらの車両を通じて限界設計の現車テストを経験する機会となった。トキ 900 形式は在来の 2 軸無がい車に比べて自重が 9 → 11t で、荷重が 17 → 30t と有利であったが、走行性能の低下による支障を免れず、戦後は速やかに廃車の対象になった。

貨車で戦時体制の最後の輸送手段として採られたのが、標記の荷重トン数の暫定強化であった。例えば無がい車で標記トン数を 17 トンとしているものは、10% 増の 19 トンの積載を許容したのである。車両の設計ではすべて安全率を見越しているため、10% の荷重増で短時間に破損事故を招く訳ではないが、戦争が終わるまでの数年の暫定対策として採られた窮余の方策であった。幸いこの 10% 増は短期間に終わって、終戦とともに元の標記トン数に戻したため、増トンによる目立った事故の発生はなかった。

6　終戦直後期

(1945～49年)

8年余にわたる苛酷な戦時輸送と資材難、人手不足のため施設·車両の状態は悪化の一途を辿っていた。九州と本州をつなぐ山陽線などは、ダイヤ通りに運行する日は一日もない最悪の状況のまま終戦を迎えた。長い戦争による疲労困憊と前途への不安で国民の多くは虚脱の状況で、ほとんどの生産活動も止まってしまったが、鉄道は満身創痍ながら一日も休まずに、大量の復員輸送と占領軍の進駐輸送に残っている力をふりしぼって業務を遂行し、終戦直後の社会が混乱に陥るのを防ぐことができた。

国民にとって「汽車が動いている」情景は絶望への歯止めであり、明日への希望を取り戻す踏み石でもあった。

空襲による被害は全国的で、焼け野原になった大都市での被害は甚大で、国鉄の場合、電車は25%を消失し、鉄道工場は約半数が被害をうけ、大都市私鉄も電車を半数失い、戦後の輸送の回復は容易でなかった。

戦時体制では大幅に規制されていた旅客輸送は、戦後の輸送需要の変化に応じて早く復活して民生の安定に寄与しようと努めたが、車両の不足などで容易でなく、また復員及び引揚げ輸送に加えて、進駐してきた連合軍の輸送は過重の負担であった。

終戦直後の鉄道輸送を大きく妨げたのが石炭不足で、北海道と九州の炭鉱は戦時中の無理な採掘と資材難などのため荒廃して、出炭が大幅に減っていた。当時、国鉄では機関車数の約95%が蒸気機関車であったため、石炭不足で列車設定キロを大きく削減せざるを得なかった。すなわち、終戦直後の2年目の冬季には列車キロを半減し、また列車のスピードも下げるといった鉄道史にかつてない最悪の状態が続いた。

このような深刻な状態の中で、復興の鍵を握る鉄道の貨物輸送は逐次回復に向かった。終戦の翌1946年には輸送トン数で戦前の94%に回復し、次いで石炭・鉄鋼と並んで鉄道を最優先産業とする政府の傾斜生産施策により、施設・車両の整備が急ピッチに進んで輸送力を増強することができた。

戦後4年目には待望の特急列車が東海道線に復活した。

私鉄の復旧は資材の不足などで進まず、特に大都市近郊私鉄の混雑は深刻であった。そのため国鉄から東武、東京急行、名古屋鉄道、近鉄、山陽鉄道の各社に計120両の電車を払い下げて、当面の窮状に対処するほどであった。また、これらの私鉄では平常時には考えられない事故が、あい次いで起きた。1948年には連合軍の民生部局により特別監査が行われたが、電車の78%が酷使と保守不足による不良といった予想以上の悪い状態であることが指摘され、保守整備の強化と新車増備を重点的に推進することとした。

6-1 終戦直後期の重大事故

(1) 肥薩線のトンネル内事故

1945年（昭和20年）8月22日12時7分ごろ、肥薩線（単線、通票閉塞式）吉松～真幸間を運転中の、上り第806旅客列車（機関車D51形式2両、客車6両、貨車6両、換算45両）が、25‰上り勾配のトンネル内で、空転が頻発して前進不能となって停車した。何度か起動を試みたが失敗し、トンネル内での長時間の停車は、煤煙のため乗客の被害を招く恐れがあると判断して退行したところ、煤煙で呼吸困難になり列車から降りて線路を歩行していた乗客に触れ、49人が死亡、20人が負傷した。

貨車は客車代用としていたもので、当時九州縦断の本ルートの鹿児島線が水害で不通になっていたこともあって、終戦直後の鹿児島地域からの復員兵で列車は超満員の過重状態であった。そのころの列車には車内放送設備がなく、また貨車との通行設備もなく、乗客に対する連絡が不十分で、真っ暗やみのトンネル内の事故の被害をより大きくした。

事故を起こしたトンネルの入口の沿線には慰霊碑が建てられている。

(2) 八高線の閉塞扱いミスによる列車衝突事故

1945年（昭和20年）8月24日7時40分ごろ、八高線（単線、通票閉塞式）小宮～拝島間で、前日来の雷雨で通信が途絶し閉塞扱い不能のため、小宮駅より指導式により下り第3旅客列車（機関車8800形式、客車5両）を発車させ、次いで拝島駅よりも上り第6旅客列車（機関車8800形式、客車5両）を発車させた。そのため、両列車は多摩川鉄橋上で約50km/hで正面衝突して脱線大破し、折りからの増水に流され、104人が死亡、行方不明20人(推定)、約150人が負傷した。

代用閉塞の指導式を実施する場合は、まず所定の区間に列車や車両のないことを確かめ、両駅が打ち合わせて区間に一人の指導者を決めて、列車の運転にはその指導者が添乗することになっていた。小宮駅長は所定ダイヤで上り列車より指導式を実施すべく、適任者（指導者の予定）を徒歩で区間に列車のないことを確認しながら拝島駅に送った。次いで、八王子駅から到着した回送機関車（上り列車に使う牽引機）に連絡者を乗せて、拝島駅に前者の通知した運転順序と異なる「運行変更」を連絡したが、拝島駅運転掛は運転順序の変更の内容を理解できず、前者から受けた順序で指導者を乗せて上り列車を発車させ、小宮駅からも下り列車に新たな指導者を乗せて出したため事故が発生した。

指導式による閉塞扱いはその後も事故を起こすケースが絶えず、指導式による運転は設定本数が大幅に減るなどのため、また最近では保安装置の復旧が速められ得る実績などから、代用閉塞の指導式を廃止している鉄道が多い。

(3) 中央線笹子駅構内の仮眠による列車脱線事故

1945年（昭和20年）9月6日3時41分、中央線（単線、通票閉塞式）笹子駅（スイッチバック方式）で、下り第403旅客列車（機関車ED16形式、客車9両、換算20.5両）が折り返し線に到着の際、車止めを突破して山の斜面に衝突し、電気機関車は脱線傾斜し、続く客車3両が脱線大破し、60人が死亡、91人が負傷した。

原因は電気機関車乗務員の仮眠によるものであった。

その後、複線化と電車運転によりスイッチバック方式は解消された。

(4) 東海道線の機関車ボイラー破裂事故

1945年（昭和20年）10月19日、東海道線（複線、自動閉塞式）醒ケ井駅を通過中の上り第972貨物列車（機関車D52形式、貨車46両、換算91両）の機関車ボイラーの火室天井板が破裂し、約100 m進行して停車した。この際、ボイラーは進行方向と逆向きになって付近の地蔵川に転落して運転室が大破し、乗務員2人が死亡、2人が重傷を負った。

原因は、天井板の接合部の溶接不良と天井ステーのねじ不良であった。

戦時中の粗製が原因で、後年に新しいボイラーに取り替えられた。

(5) 福知山線の列車火災事故

1945年（昭和20年）11月3日10時55分、福知山線（単線、通票閉塞式）古市～篠山口間で、下り第415旅客列車（機関車C54形式、客車6両、換算18両）が走行中、前より2両目の客車の窓から火煙の出ているのを後部反顧した機関士が認めて急停車して、乗客を車外に避難させ、沿線住民の応援を求めて消火に努めたが、客車6両すべて全焼し、8人が死亡、65人が負傷した。

原因は、乗客の持ち込んだ揮発油缶が煙草の火で爆発したとされる。当時の福知山線の客車は木製車のため火の回りが早く、分離するいとまもなかった。

(6) 神戸電鉄線の過速による電車脱線転覆事故

1945年（昭和20年）11月18日10時30分、神戸電鉄本線（複線、自動閉塞式）丸山～長田間で、神戸行上り第108電車（編成2両）が33‰下り勾配で速度制御を失って過速し、長田付近の曲線で脱線転覆し、48人が死亡、180人が負傷した。

神戸電鉄の路線は、六甲山脈の山中を縫って40‰に及ぶ急勾配が連続しているため、1928年（昭和3年）の創業時より抑速電気ブレーキを採用し、ブレーキ装置の整備には万全を期していたが、恐れていた事故が起きた。

原因は、電車運転士のブレーキ制御のミスとされているが、終戦直後の資材難などによる電車の状態悪化もあったのかもしれない。

(7) 東海道線の制動制御ミスによる列車追突事故

1945年（昭和20年）11月19日0時18分、東海道線（複線、自動閉塞式）山科駅に停車中の下り第142旅客列車に、後続の下り第955貨物列車（機関車D52形式、貨車40両、換算66両）が追突し、第142旅客列車の最後部の客車と貨車5両が脱線し、8人が死亡、15人が負傷した。

原因は、貨物列車の機関車乗務員のブレーキ制御のミスとされているが、終戦間もない当時は車両間を繋ぐブレーキホースのパッキンなどの資材がなく、ブレーキ装置の空気漏れも多くてブレーキ機能が低下している場合が少なくない状態であった。

(8) 津山線での車軸折損による列車脱線事故

1945年（昭和20年）11月27日7時39分、津山線（単線、通票閉塞式）建部～金川間を上り第612混合列車（機関車C56形式、客車4両、換算5.5両）が走行中、機関士が後部反顧の際に2両目客車が異常に傾斜しているのを発見して急停車し、調べたところ同客車の前位車輪が脱線分離し、5人が死亡、6人が負傷していた。

原因は、車軸の折損（古疵30%）によるもので、輪軸の支障による死亡事故は創業以来初めてであった。車軸の折損や車輪の割損などの輪軸の支障事故は、特に終戦直後にみられたが、幸運にも大事故になったものはなかった。

後年は車軸の設計改善、品質改良と定期検査時の超音波探傷技術の採用などにより、車軸の事故は絶滅に向かっている。

(9) 近畿日本鉄道線の制動制御ミスによる電車脱線転覆事故

1945年（昭和20年）12月6日5時21分、近畿日本鉄道（現在の南海電気鉄道）高野線（単線、自動閉塞式）紀見峠駅で、橋本行下り電車（編成2両）が、停車駅の安全側線を突き抜けて脱線転覆し、27人が死亡、100人が負傷した。

原因は、電車運転士の速度制御のミスとされたが、ブレーキ性能の良い電車でのこの種の事故は珍しい。

(10) 小田急電鉄線の列車脱線転覆事故

1946年（昭和21年）1月28日10時ごろ、小田急電鉄本線（複線、自動閉塞式）で、小田原行下り第294電車（編成2両）が故障のため停車した。運転士が再三操作したが起動しないので、下車して見回り床下機器を点検中に、上り勾配のため逆転走して、大秦野・大根駅を通過し、鶴巻駅の手前で小田原寄りの電車が脱線して、駅ホームに衝突して転覆し、30人が死亡、165人が負傷した。

運転士の点検中に制動管のエアが漏れてブレーキが緩んだとされ、その他の原因として乗客が運転台の機器ハンドルに触ったともされたが、戦後間もない時期の整備水準の低下が遠因であったと考えられる。

(11) 留萌線の雪害による列車脱線転落事故

1946年（昭和21年）3月14日19時5分、留萌線（単線、通票閉塞式）礼受～舎熊間で、下り第13混合列車（機関車9600形式、客車2両、貨車3両、換算13両）が吹雪の中で吹きだまりに突入して前進不能になったため、機関車を切り離して単独で排雪し、再び列車に連結して運転した。やがて後部で非常ブレーキが作用したので､調べたところ最後部の客車が脱線して鉄橋から川に転落していて、17人が死亡、67人が負傷した。

脱線の原因は、停車中に床下に吹き込んだ雪に客車が乗り上げたため。

(12) 東海道線の仮眠による列車追突事故

1946年（昭和21年）5月8日2時ごろ、東海道線（複線、自動閉塞式）国府津駅構内で、停車中の下り第176貨物列車（機関車EF10形式、貨車61両、換算97両）に、下り第3801旅客列車（機関車EF57、客車9両、換算32両）が追突し、第3801旅客列車の機関車と貨車9両が脱線転覆し、1人が死亡、78人が負傷した。

原因は第3801旅客列車の機関車乗務員の仮眠で、この種の事故が頻発したため当時のGHQから事故防止について特別指示が出された。

(13) 中央線電車の乗客転落事故

1946年（昭和21年）6月4日8時24分、中央線（複線、自動閉塞式）大久保～東中野間で、上り第801B電車（編成6両）の4両目の中央扉が超満員の乗客の圧力で破損して外れたため、乗客3人が神田川に転落して死亡した。

東京地区の電車は空襲による戦災で約4分の1を失い、戦後優先して整備と新製に努めたが、資材不足・電力難・食料難などのため計画通り進まず、戦災で近郊地域からの通勤客が激増し､所要両数に対して就役両数が大幅に不足の状態で、ラッシュ時の電車は殺人的混雑が続いていた時期の痛ましい事故であった。

本事故の応急対策として、電車の自動扉レールに脱出止めが緊急に追加して取り付けられ、当時はまだ多かった木製扉の鋼製化が促進された。

自動扉レールの脱出止めは、その後の車両の基本構造になっている。

(14) 東海道線の仮眠による列車追突事故

1946年（昭和21年）7月26日5時58分、東海道線（複線、自動閉塞式）能登川～安土間の鞍部トンネル内で、下り第5急行旅客列車（機関車C53形式、客車12両、換算41両）が機関車故障のため停車中、後続の下り第179貨物列車（機関車D51形式、貨車48両、換算98両）が追突して、第5旅客列車の最後部の客車2両が脱線転覆、第179貨物列車の機関車と貨車14両が脱線して、15人が死亡、68人が負傷した。

原因は第179貨物列車の機関車乗務員の仮眠で、2ケ月前にも同様の追突事故（P81参照）を起こしておりGHQから特別指示を受けていた。

(15) 上越線の信号冒進による列車脱線転落事故

1946年（昭和21年）11月3日13時21分、上越線（単線、通票閉塞式）下牧信号場で、上り第720旅客列車（機関車D51形式、客車10両、換算37両）が、下り貨物列車と行き違いのため臨時停車していたが、信号機を誤認して安全側線に突入し、機関車と客車2両が脱線して崖下に転落、客車2両が脱線傾斜し、機関車に添乗していた進駐軍兵士2人を含む7人が死亡、32人が負傷した。

原因は、上り旅客列車の機関車乗務員が信号機の確認時機を失して、ブレーキ扱いが遅れたためであるが、形のみの安全側線がこの種のケースでは極めて危険であることを警鐘した事故で、再三くり返して後年も大事故を招いている。

下牧信号場は後年の複線化により廃止された。

(16) 信越線の土砂崩れによる列車脱線転落事故

1946年（昭和21年）12月19日4時6分、信越線（単線、通票閉塞式）田口（現在の黒姫高原）～関山間で、下り第665旅客列車（機関車D50形式重連、客車9両、換算30両）が吹雪の中で、山の斜面から崩れて線路を埋めていた土砂に乗り上げ、機関車2両と客車3両が崖下に転落し、11人が死亡、36人が負傷した。

反省として斜面の崩れ防止対策の見直しと、防護整備を推進することとした。

(17) 近畿日本鉄道線の信号冒進による電車追突事故

1946年（昭和21年）12月24日9時30分ごろ、近畿日本鉄道奈良線（複線、自動閉塞式）石切～生駒間の生駒山トンネル内で、閉塞信号機の停止現示により停車していた上本町行上り第901急行電車（編成3両）に、後続の上本町行上り第974電車（編成2両）が追突し、全電車が脱線転覆し、18人が死亡、53人が負傷した。トンネル内の脱線転覆事故のため、救出と復旧に長時間を要した。

原因は後続電車の信号冒進とされたが、現地は下り25‰勾配の悪条件と、戦後間もない当時の車両の整備水準の低下も一因であろう。

(18) 八高線の過速による列車脱線転覆事故

1947年（昭和22年）2月25日7時50分、八高線（単線、通票閉塞式）東飯能～高麗川間で、下り第3旅客列車（機関車C57形式、客車6両、換算19両）が、20‰下り勾配で速度制御を失して過速し、高麗川駅手前の曲線で高さ5mの築堤下に3両目以降の4両の客車が脱線転落し、184人が死亡、495人が負傷した。

死者数は戦時中のガソリン動車脱線火災事故（P65参照）に次ぐ第2位の大事故であった。

過速の原因がブレーキ装置の故障とされ、機関士はブレーキハンドルの操作時の減圧排気音が全くなかったと証言している。

戦後の食糧買い出し客のため、超満員の過重であったことも一因であろう。また、高速の脱線転落による老朽木造客車の粉砕大破が犠牲者をより多くした。

1950年に始められた老朽の木造客車の全面鋼体化工事は、本事故が理由の一つ

八高線の過速による列車脱線転覆事故

であった。

(19) 室蘭線の信号冒進による列車衝突事故

1947年（昭和22年）3月31日17時43分、室蘭線（単線、連動閉塞式）小幌信号場～静狩間の静狩第2トンネル内で、下り第225旅客列車（C51形式、客車7両、換算22両）と上り第5388貨物列車（機関車D52形式、貨車46両、換算91両）とが正面衝突し、機関車2両、客車2両、貨車2両が脱線大破し、4人が死亡、53人が負傷した。

列車衝突に至る経過を辿ろう。

上り貨物列車が機関車の空気圧縮機の不調のため小幌信号場に臨時に停車した。小幌信号場の信号掛は、機関車の修理には相当時間がかかると推定し、次の静狩駅で行き違う予定の下り旅客列車の遅延を防ぐため、小幌信号場で行き違いさせるよう静狩駅の駅長と打ち合わせして、下り旅客列車の小幌～静狩間の閉塞を承認したが、そのことを当信号場の当務助役に報告しなかった。小幌信号場の当務助役は上り貨物列車の機関車の修理作業を見守っていたが、やがて修理が終了したので、機関車に発車を合図し、機関士も所定時刻よりおくれているため急いで発車した。

所定のダイヤでは出発信号機は進行現示のままのはずであったためか、信号場助役も機関士も対向の旅客列車の運転の閉塞で、停止現示に変わっていた出発信号機を確認しなかった。運転には必ず信号を確認するという運転扱いの基本を、複数の責任者が失念したもので、悪魔の悪戯としか考えられない事故であった。

小幌信号場は過走余裕距離を長くして安全側線をなくしていたのも、この場合は不運であった。トンネル内の列車正面衝突事故という最悪の事故のわりに、乗客が少なく犠牲者が比較的少なかったことや、中央から遠い事故のためか、当時はあまり問題にされなかった。

ATSを装備している現在ではあり得ない。

(20) 近畿日本鉄道線の電車火災事故

1947年（昭和22年）4月16日14時15分、近畿日本鉄道奈良線（複線、自動閉塞式）石切～生駒間の生駒山トンネル内で、上本町行上り普通電車（編成3両）の第1両目の床下より出火して、3両が全焼し、28人が死亡、58人が負傷した。

原因は抵抗器からの発火とされ、電車のこの種の火災による全焼事故は初めてであった。前年12月に同じ生駒トンネル内で追突事故（P82参照）を起こしており、あい次ぐ大事故で世間のきびしい非難を浴びた。

終戦直後の資材難などによる整備水準の低下が遠因にあったと考えられる。

(21) 京浜東北線の信号冒進による電車追突事故

1947年（昭和22年）4月22日8時43分、京浜東北線（複線、自動閉塞式）田端駅の場内信号機の停止現示で停車中の下り第855A電車（編成6両）に、後続の第869A電車（編成6両）が追突し、4人が死亡、114人が負傷した。

原因は、後続電車運転士の見込み運転とブレーキ操作のおくれであった。

ATCの装備されている現在では起こり得ない。

(22) 山陽線の異常高温でのレール通り狂いによる列車脱線転覆事故

1947年（昭和22年）7月1日12時49分、山陽線（複線、自動閉塞式）光～下松間の10‰下り勾配、半径400m曲線を走行中の下り第8011旅客列車（機関車D51形式重連、客車11両、換算36両）の前位機関車が脱線、次いで次位機関車と客車3両が脱線転覆し、15人が死亡、72人が負傷した。

原因は、異常高温でレールの通り狂いが急速に進んだとされたが、調査に立ち会った鉄道研究所の技師は、異常な蛇行動の発生によるものとした。東海道線に次ぐ高規格線での前例のない脱線事故のため、特に列車脱線対策委員会を設けて恒久的の対策が研究された。 その結論の要点は、大形機関車の運転する区間は50kg/mレールを採用し、重軌条化されるまではタイプレートを挿入する。保線側は定期的にレールの通り狂い測定を実施し、車両側も状況に応じて動揺測定器を使用して、レールに加わる異常横圧を早期に発見するよう努める等であった。

その後は、電車などの軽軸重で走行性能の優れた近代化車両の比率が増え、また軌道強化も進んで、この種の事故はなくなった。

(23) 名古屋鉄道瀬戸線の過速による電車脱線転覆事故

1948年（昭和23年）1月5日、名古屋鉄道瀬戸線（複線、自動閉塞式）旭前～大森間で、堀川行上り急行電車（編成2両）が、過速のため急曲線で脱線転覆し、35人が死亡、154人が負傷した。

原因は正月の超満員の乗客で、過重もあって減速のブレーキ制御がおくれたためであった。

(24) 近畿日本鉄道線の電車火災事故

1949年（昭和24年）3月8日7時5分、近畿日本鉄道山田線（複線、自動閉塞式）で、中川行上り普通電車（編成2両）が松阪駅発車直後に、後位車の運転台付近から発火し、沿線の通行人の知らせで急停車して消火に努めたが、火の回りが早くて1両が全焼し、8人が死亡、40人が負傷した。

車掌と乗客の証言によると、約1分で火が車内全体に回ったとしているが、原因についての記録は残っていない。

(25) 近畿日本鉄道線の車両故障による電車追突事故

1949年（昭和24年）3月31日7時45分、近畿日本鉄道奈良線（複線、自動閉塞式）で、上本町行普通電車（編成2両）が花園駅を発車したところ、後続の上本町行急行電車（編成3両）が高速で追突し、全電車が脱線大破し、49人が死亡、272人が負傷した。

近畿日本鉄道の車両故障による電車追突事故

原因は、急行電車が生駒山トンネル内の下り勾配区間でブレーキ制御が不能になり、過速度のため孔舎衛坂駅（現在は廃駅）付近の半径200mの急曲線でパンタグラフが外れて架線を切断して、無制御の状態のまま4kmの35‰の連続下り勾配を暴走した。残るハンドブレーキを車掌と乗客が必死で回して若干速度が落ちたようであったが、東花園駅を過ぎて普通電車に追突してしまった。生駒山トンネル内から暴走した距離は約10kmで、途中に何か所かに曲線があったのに超満員の電車が脱線しなかったのは幸運であったと言えよう。

原因は空気ブレーキ装置の直通管の破損とされているが、急行電車は暴走直前の生駒駅停車時に1両分過走しているし、運転台の圧力計などで異常の兆候がみられなかったのか、残された記録にはない。当時の電車は電気ブレーキがなく、35‰の連続下り勾配の線区を運転するには、空気ブレーキのみでは問題であったのであろう。

6-2 終戦直後期の保安

戦時中の酷使と戦災、戦後の資材不足、鉄道が担っていた重い負担などにより、運転事故の件数は戦時中より一層悪化し、終戦時を除いて1946年（昭和21年）は史上最悪を記録し、列車事故件数は10^6km当り2.43件になった。

また、終戦直後の国民の虚脱状態や施設・車両の整備難などのため、従来では考えられない事故が、国鉄・民鉄とも頻発した。

終戦直後には信号冒進事故があい次いだため、GHQの指示で1946年（昭和21年）に「列車運転の特殊扱い」が定められた。

すなわち、自動閉塞線区を運転する列車は、列車防護のため列車最後部に緩急車の連結及び車掌の乗務は欠くことができないとし、信号の注視確認は機関士のみでなく機関助士にも義務づけ、列車防護については第1～3種の防護体系として実施し易くした。

閉塞方式は戦時中に続いて戦後も引き続いて改善が推進された。

双信閉塞式は1937年（昭和12年）に全体の約6%残っていたが、1948年（昭和23年）に解消した。

国鉄の自動閉塞式も同期間でキロ数で約2倍に伸長し、全体で約15%となり主要幹線に整備された。戦時中に開発された連動閉塞式は、戦後は列車回数の多い線区の通票閉塞式に代えてゆく計画が立てられ、最初の区間として上越線・奥羽線に電化とあわせて採用された。

6-3 『運転取扱心得』の全面改正

運転保安で順守すべき基本マニュアル『運転取扱心得』は、昭和初期に改正したまま相当年数を経過していたため、その間の実績による教訓も採り入れ、施設・車両の進歩改良と合わせて、全面改正されることとした。

作業は戦時中から進められ、所要のテストや試行なども実施して、1947年（昭和22年）に成文化された。

改正の方針の主な点を挙げると次の通りである。

① 従来のものは理論に走る嫌いの条項もあって、運用の範囲が広くて運用者が扱いに迷う点もあったため、努めて扱い易いようにした。

② 規程の目的を各章の冒頭に明示して理解し易いようにした。

③ 従来は責任箇所の単一化を目指していたが、各掌の立場で責任を分担させることとした。取り扱いの職名を挙げて、担当を明らかにして責任を明確にした。

④ 同一系統の取り扱い者を整理統一して、記憶し易いようにした。

改正点の主なものを挙げると次の通りである。

① 列車のブレーキ性能は、非常ブレーキ時に視認の範囲の600m以内に停止できるものとして、列車速度に応じた制動軸数を備えることとした。

後年には、このブレーキ距離600m以内が最高速度を左右する条件になった。

② 旅客列車の最高速度は従来95km/hとしてきたが、特別のブレーキ装置を備える車両は110km/hとした。

本規程制定から13年後の1958年（昭和33年）に電車特急“こだま”で110km/hになり、その後、1968年（昭和43年）に電車特急が120km/hに、JR後の1988年（昭和63年）に電車特急が130km/hに向上している。

③ 従来の列車制限速度はまちまちであったが、15、25、45km/hの3段階に限定した。

④ 列車運転の保安度を一層高めるために、列車の後部にはすべて車掌を乗務させ、

特に自動閉塞区間の列車停止時は、続行列車に対する列車防護に万全を期した。
⑤ 従来の列車の後部標識は1個のみであったが、これを2個とし、かつ光力を強化することとした。
⑥ 列車の運転についての重要事項を駅長から動力車乗務員に通告する時は、完璧を期すため運転通告券を使用させることにした。
⑦ 従来は閉塞に対する観念が若干不正確であったため、多くの疑問が生じた。

従ってこれを、常用閉塞方式、代用閉塞方式、閉塞準用法、無閉塞の4つの種類に区分して、その拠点を明らかにした。

すなわち閉塞方式は、1閉塞区間に1列車のみとする常用閉塞方式を原則とし、本方式によることができない時は代用閉塞方式とし、次いで両方式によることができない時は閉塞準用法によることとした。

以上の3方式のいずれも施行できない、動力車乗務員の注意力のみによる運転の場合は無閉塞とした。

7 国鉄発足期
(1949～56年)

創業後約80年にわたって政府の機関としてきた国鉄は、戦後の占領下で絶対の権力を有していたGHQの指示により、1949年（昭和24年）6月1日に公共企業体の日本国有鉄道に衣替えした。移行のきっかけは労働問題への対策であった。1947年（昭和22年）に日本国憲法が改正されて、公務員も労働運動が認められ、公務員による労働組合の先導する労働運動が過激に走り、当時復興に喘いでいた産業経済に大きく影響した。そのためGHQは公務員の争議行為の禁止を指示し、合わせて国鉄などの政府の現業機関の公共企業体への移行を要求した。すなわち国鉄などを政府の機関から離して、その労働権の制限を公務員より若干緩和したもので、GHQの労働政策の一環であった。

公共企業体としての国鉄の目的と使命は、「能率的な運営によりこれを発展せしめ、もって公共の福祉を増進する」と従来の官業と民間企業との違いを規定していた。しかし、後年問題となる企業性と公共性の調和の不明確、自主経営については予算案の国会審議、経営を左右する運賃や給与の決定などが別機関のため、自主的運営が制約されるなどで、後年の財政悪化の一つの要因となった。

発足に当たっては、国鉄史上かつてない約9.5万人（16%）という大幅な要員削減が強行された。戦後の復員、引き揚げにより職員数が60万人近くに増えて過剰になっていたためで、整理の強行実施中に初代下山総裁 の怪死事件、無人電車の暴走、妨害による列車脱線などの事件が発生したりして、波乱に満ちた発足であった。

発足の翌1950年に勃発した朝鮮戦争による特需景気がきっかけで、我が国の戦後の産業経済の復興は急速に進み、鉄道の輸送需要は再び逐年順調に増加した。

この時期には他の交通機関も回復し始めたが、自動車などの輸送シェアは低く、鉄道に対する輸送力の増強と近代化への要請が強く、幹線電化、液体式ディーゼル動車の投入などを進めた。

発足の翌1950年（昭和25年）春、国鉄最初の新型車両として東海道線東京～沼津間にオレンジと濃緑のツートンカラーに塗り分けられた長大編成の湘南電車がさっそうと登場した。東京～沼津間126kmの中距離の電車の運転は国鉄にとって初めてであった。私鉄では戦前に近鉄が大阪と伊勢を結ぶ中距離急行電車を運転していたが、湘南電車は在来の客車列車に置き換えるため15両の長編成とし、その後の本線列車の全面電車化の先がけとなった点で意義あるものであった。

液体式変速機を採用した標準形ディーゼル動車の量産は1953年から始まり、地

イギリスでの列車三重衝突事故

方線に投入され近代化に貢献した。

7-1 海外の重大事故

(1) イギリスでの信号冒進による列車三重衝突事故

1952年（昭和27年）10月8日朝、ロンドン郊外のハーロー駅に上り旅客列車が停車中、1時間半おくれの上り急行寝台列車が追突し、脱線転覆して下り線を支障し、不運にもほとんど同時に重連機関車の牽引する下り旅客列車が、96km/hの高速で転覆車両に突っ込み、112人が死亡した。

本事故の原因は、急行寝台列車の機関車乗務員の信号誤認で、本事故を契機にイギリス国鉄のATSの採用が決まった。

(2) ニュージーランドの橋梁流失による列車脱線転落事故

1954年（昭和29年）12月24日、火山の噴火による異常増水のため橋梁が流れていた鉄橋に、オークランド行急行列車（蒸気機関車牽引、客車6両）が突っ込んで脱線転落し、149人が死亡した。

ニュージーランド鉄道では犠牲者最多の大事故になった。

7-2 国鉄発足期の重大事故

(1) 中央線三鷹電車区構内の電車暴走事故

1949年（昭和24年）7月15日21時25分、中央線三鷹電車区構内の1番線に留置していた電車（編成7両）が、無人のまま突然三鷹駅本屋方向に動きだし、約70km/hで車止めを突破して7両が脱線転覆し、駅舎の一部、駅前の交番と民家を破壊して、6人が死亡、19人が負傷した。

原因は、何者かが電車を動かした犯罪的行為によるもので、国鉄労働組合に所属する共産党員が容疑者に挙げられ、最高裁で主犯者の死刑が確定したが、再審中に病死し、現在に至るも不明のままである。当時、公共企業体組織になった国鉄は、約9.5万人（16%）の要員削減を遂行中で、整理職員をかかえる現場は騒然としていた。

東北線の列車脱線転覆事故

(2) 東北線の妨害による列車脱線転覆事故

1949年（昭和24年）8月17日3時20分ごろ、東北線（単線、通票閉塞式）松川～金屋川間を力行運転中の上り第412旅客列車（機関車C51形式、客車12両、換算35両）の機関車と客車3両が脱線転覆し、3人が死亡、9人が負傷した。

原因は、曲線区間のレール継ぎ目板が外されていたためであった。

三鷹事件に続いた故意の計画的妨害事件として大掛かりに捜査されて、左翼系の労働組合員などの容疑者20人が起訴されたが、一審は全員有罪、最高裁で証拠不十分で無罪が確定、犯人は現在も不明。

(3) 京浜線桜木町駅構内での電車火災事故

1951年（昭和26年）4月24日13時40分、京浜線（複線、自動閉塞式）桜木町駅構内で、電力工事作業者が碍子交換作業中に誤ってスパナを落として架線が断線して垂下。桜木町行下り第1171電車（63系、編成5両）が進入の際、最前部電車のパンタグラフが垂下していた架線にからまって、車体と電気ショートして火災が発生し、1両目電車が全焼、2両目も延焼し、106人が死亡、92人が負傷した。

電力工事作業者は架線の断線垂下したときに駅の信号所に走り、非常事態の発生を通報し電車の運行停止手配を信号掛に依頼しているが、通報内容が不正確であったのか信号掛は応急の措置を採らなかった。

電車運転士は電気ショートの火花の発生による被害の拡大を防ぐため、早速パ

京浜線桜木町駅構内での電車火災事故

ンタグラフを下げて電源を遮断する措置をとった。しかし、逆に停電により電動発電機（MG）が停止したため、制御電源がなくなり自動扉を開くことができなくなった。また、戦時規格電車の3段式窓のため狭い窓からも脱出できず、加えて貫通扉が内側開き式構造で乗客の殺到のため次位車にも避難できず、多くの乗客は車内に閉じ込められたまま悲惨にも焼死した。

63系戦時規格電車の木造屋根、3段式窓、内側開き式構造の貫通扉などが犠牲者を多くした要因でもあったため、戦後6年も経過していながら63系戦時規格電車の改善が放置されていたとして、この点でも国鉄に対する世間の非難が激しかった。

本事故の緊急対策として、電車の非常扉開閉コックを各扉近くに設置し位置の表示、貫通扉を引き構造に改造、貫通路の幌の新設、パンタグラフの二重絶縁、変電所の故障選択遮断器の設置などが実施された。

恒久対策として、63系戦時規格電車の3段式窓の固定中段を移動できるよう改造、車内設備の難燃化が促進され、長期的には車体構造の金属化が推進された。

(4) 信越線の信号冒進による列車脱線転覆事故

1952年（昭和27年）2月23日9時33分ごろ、信越線（長岡～東光寺間が複線、東光寺～加茂間が単線、自動閉塞式）東光寺信号場で、下り第515旅客列車（機関車C51形式、客車9両、換算32両）が、臨時停車の出発信号機の停止現示を冒進して安全側線に進入し、機関車が脱線転覆、客車が脱線傾斜し、1人が死亡、5人が負傷した。

当日は猛吹雪のため、信号機の識別が困難な悪条件下で、機関士はダイヤ通りの東光寺信号場を45km/hの惰行運転で通過し、出発信号機の停止現示を確認できたのは50m手前であった。咄嗟に非常ブレーキを扱ったが、安全側線が短く及ばなかった。後年の参宮線事故（P99参照）と同例ながら、対向列車を停止できたのが幸運であった。

(5) 小田急電鉄線の信号冒進による電車追突事故

1952年（昭和27年）8月22日8時20分、小田急電鉄線（複線、自動閉塞式）下北沢駅近くの踏切で、停電のため停車中の上り準急第208電車に、後続の第626普通電車が追突し、両電車とも破損し152人が負傷した。

原因は、現場は急曲線で見通しが悪く、注意運転していた普通電車のブレーキ扱いがおくれたため。

(6) 山陽線の閉塞扱いミスによる列車追突事故

1953年（昭和28年）2月7日6時17分、山陽線（複線、自動閉塞式）八本松～瀬野間で、上り第990貨物列車（本務機関車D51形式、貨車43両、換算98両、後部補機D52形式2両）が、閉塞信号機が消灯していたため一旦停車し約3分経過後に、起動を4回繰り返して発車したところ、後続の上り第218旅客列車（本務機関車C59形式、客車10両、換算34両、後部補機D52形式）が追突し、貨物列車の後部補機と旅客列車の本務機関車が破損し、27人が負傷した。山陽線随一の難所の上り勾配区間で両列車の速度差が小さかったため､被害が比較的軽かった。

原因は信号電源の停電のため、自動閉塞式を通信閉塞式に変更したが、その際の八本松駅と瀬野駅間の打ち合わせで、八本松駅は第990貨物列車が既に通過したものと誤認して、続行の旅客列車の閉塞を承認したためであった。

通信閉塞式は駅間に列車のいないことの確認が不正確になる恐れがあるため、後年廃止された。

(7) 東海道線の貨車車輪異常摩耗による列車脱線転覆事故

1953年（昭和28年）9月17日23時22分、東海道線（複線、自動閉塞式）焼津～用宗間で上り第116貨物列車（機関車EF15形式、貨車57両、換算112両）が55km/hで惰行運転中に突然後部より非常制動が作動したので急停車して調査した。前から22両目と23両目間が約340m分離し、23両目以下の24両が脱線または転

山陽線の貨車車輪フランジ欠損

覆していた。

原因は10トン貨車の車輪フランジの異常摩耗とされた。

(8) 山陽線の貨車車輪フランジ欠損による列車脱線事故

1953年（昭和28年）10月17日20時20分、山陽線（複線、自動閉塞式）瀬野～安芸中野間で、下り第365貨物列車（機関車D52形式、貨車59両、換算106.2両）が57km/hで惰行運転中、後部より非常制動が作動したため約350m走行して停車した。調べると、35両目のトム型貨車より45両目まで11両が脱線（うち5両が転覆）し、上下線を支障していた。原因はトム型貨車の第4位車輪のフランジが欠損したため。古疵約90%。

当時の車輪は客貨車共通としていたが、同事故が貨車であったのは幸いであった。

車輪フランジの欠損の類いは極めて珍しく、戦時中製造の材質不良のためであろう。その後、一体車輪に改良されて、この種の事故は起きていない。

(9) 常磐線の貨物列車競合脱線事故

1954年（昭和29年）8月2日6時13分、常磐線（複線、自動閉塞式）大甕～石神間を上り第282貨物列車（機関車D51形式、貨車52両、換算98両）が約60km/hで機関車の単弁ブレーキを操作中、前から36両目のワム9528貨車が進行左側に脱線し、続く14両が脱線転覆して上下線を支障した。しかし、列車防護の手配により付帯事故が防止された。

原因は、脱線貨車の車輪のフランジ摩耗及び車軸の横動遊間がやや大きく、線路の状態も通り及び水準の狂いが若干大きかったが、いずれも保守基準限度内であった。

そのため、本事故は貨車と線路との競合脱線とされ、競合脱線の表現が始めて本格的に使われた。この種の2軸貨車による競合脱線事故は、その後も毎年数件くり返されて、後年の鶴見事故（P114参照）に至った。

(10) 飯田線の落石による列車脱線転落事故

1955年（昭和30年）1月20日21時5分、飯田線（単線、通票閉塞式）田本～門島間で、下り第229電車（編成2両）が48km/hで力行運転中、右側切取上から岩石が落下するのを電車運転士は約10m直前で発見し、ただちに非常停車の手配をとったが及ばず、これに衝突し脱線したまま約50m進行して大表沢橋梁から転落して、電車が大破し、5人が死亡、31人が負傷した。

原因は落石に乗り上げたため。落石に対する防災対策の一層の推進が要望された。

(11) 東海道線の踏切事故と列車火災事故

1955年（昭和30年）5月17日2時19分、東海道線（複線、自動閉塞式）東田子の浦～原間を約70km/hで力行運転中の上り第3138臨時旅客列車（機関車EF58形式、客車11両、換算42両）が、踏切で停車中の米軍トレーラー付大形トラックを約150m手前で発見し、電気機関車の機関士が非常ブレーキを扱ったが、大形トラックに衝突して約120m走行して停車し、電気機関車と客車4両が脱線した。大形トラックはガソリン及びペイントを積載していたため、衝突時の衝撃のためガソリンに引火し、客車4両が全焼、2両が半焼、10人が負傷した。

原因は、米軍トラック運転手の操縦ミスで、踏切で車輪を落として停車した直後に列車が接近し、知らせるいとまがなかった。

(12) 常磐線の貨車車軸折損による貨物列車脱線転覆事故

1955年（昭和30年）5月20日23時45分、常磐線（複線、自動閉塞式）内原駅構内を約45km/hで惰行運転中の下り第363貨物列車（機関車D51形式、貨車41両、換算91両）が、後部よりの異常な衝動を感知したため急停車して調べたところ、27両目と28両目貨車が約70m分離し、28両目のワム90801有がい車が進行左側に脱線、29両目より8両はさらに約150m離れて脱線転覆していた。

原因はワム貨車の第2位車軸の折損のためで、車軸は製造後1年足らずながら古疵10%で、車軸の折損によるこの種の事故は初めてであった。

この頃より車軸の超音波探傷技術が確立され、車軸に関する事故はその後はほとんどなくなった。

(13) 南海電鉄線の電車火災事故

1956年（昭和31年）5月7日14時10分ごろ、南海電鉄高野線（単線、自動閉塞式）紀伊細川～紀伊神谷間の18号トンネル内の50‰下り勾配区間で、難波行上り第4402急行電車（編成3両）の1両目の床下より出火したため、急停車して乗客の避難に努めたが3両が全焼、1人が死亡、42人が負傷した。

原因は下り勾配のブレーキによる過熱が、床下のごみに引火したものと推定された。

(14) 士幌線の貨車転走による列車衝突事故

1956年（昭和31年）7月3日7時14分、士幌線（単線、通票閉塞式、帯広～十勝三叉間78.3km、1987年に廃止）士幌～上士幌間で、下り勾配線を転走してきた貨車が、下り第711ディーゼル動車（単車）に衝突して、両車両とも大破し、5人が死亡、62人が負傷した。

原因は上士幌駅構内の入替え作業で、留置していた貨車に他の貨車を突放連結の際に、留置貨車の停止ブレーキの緊締が不完全であったため、2.5‰勾配の側線を転走して本線に入り、下り勾配を走行したことによる。

上士幌駅から士幌駅へ貨車の転走を急報したときは、下りディーゼル動車が発車後であった。下りディーゼル動車の運転士は、遠方より転走してくる貨車を発見していちはやく急停車し、車掌とともに乗客の避難下車の誘導に努めたが、全員が下車し終えない内に衝突してしまった。

対策として留置貨車の停止ブレーキ扱いを確実に励行するとともに、この種の緩い勾配のある側線については、下り勾配側に簡易車止めを設けることとした。

貨物輸送の改革により、この種の事故は過去のものとなった。

(15) 山陽線の信号冒進による列車追突事故

1956年（昭和31年）2月3日3時54分、山陽線（複線、自動閉塞式）大道～四辻間で下り第965貨物列車（機関車D51形式、貨車48両、換算85両）が大道駅を定時に発車して約22km/hで力行運転中、突然後部より大衝動を感知したので非常ブレーキを扱って急停車して調べたところ、続行の下り第7011貨物列車（機関車D52形式、貨車54両、換算70両）が追突して、第965貨物列車の後部の5両が脱線大破し、最後部車に乗っていた車掌が重傷後死亡した。また、追突した第7011貨物列車は3両が脱線、機関車が大破し乗務員2人が重傷を負った。

原因は、第7011貨物列車の乗務員の場内信号と出発信号の無確認による。

(16) 参宮線（現在のＪＲ紀勢線）六軒駅構内での信号冒進による列車衝突事故

事故当日は伊勢神宮の大祭のための多客で、参宮線の列車は運行が朝から若干乱れていた。

1956年（昭和31年）10月15日18時22分、参宮線（単線、通票閉塞式、信号機は腕木式ですべて人力による遠隔操作）六軒駅に鳥羽行下り第243快速旅客列車（機関車C51形式重連、客車9両、換算32両）が進入の際、同列車は対向列車のおくれで亀山発より約10分遅延しており、同駅は名古屋行上り第246快速旅客列車（機関車C57＋C51形式、客車11両、換算39両）と臨時に行き違い（所定ダイヤは松坂駅）させる局よりの列車指令をうけ、両列車に対して同駅での臨時

参宮線六軒駅の列車衝突事故

停車（両列車の到着見込み時分が接近しているため）の処置をとっていた。

しかし、先着の下り列車の機関車乗務員は場内通過信号機を誤認したのか、所定ダイヤの約60km/hの通過速度で運転し、駅ホームの中間付近で出発信号機の停止現示を認めて非常ブレーキを扱ったが、そのまま安全側線に進入して約27km/hで車止めを突破し、機関車2両と客車3両が脱線転覆して上り本線を支障した。次いで不運にも防護のいとまもない約20秒後に、上り列車が55km/hで進入してきて転覆客車に衝突し、機関車2両と客車1両が脱線転覆し、42人が死亡、94人が負傷した。

死亡者の多くは、下り旅客列車の第1位客車に乗っていた修学旅行の東京教育大学付属坂戸高校の生徒で、客車は上り旅客列車の転覆機関車が乗りかかって押し潰され、機関車の配管などより噴出した高温蒸気が客車内に吹き込んだことによるものであった。現場では夜を徹して救助作業が行われたが、乗り上がった重い機関車の撤去が容易でなく、また客車の破損がひどいため、負傷者の救出と遺体の搬出作業は難渋を極めた。

場内通過信号機を誤認し、出発信号機を冒進したとされる下り列車の機関車乗務員の証言によると、場内信号機は通過の進行現示であったし、ホームに進入した時の出発信号機は進行現示であって、停止現示は直前の変更であったと主張した。その裏づけの事実として、行き違い駅を変更する鉄道管理局からの指令がおそく、直前に停車した津駅（18時7分発）では行き違い駅の変更の運転通告券を受けていなかったし、また停車列車の場合は通票のタブレットは手渡しであるのに、通過列車の際に使用されるはずのホームの通票受けが立てられていたことも立証し、信号機はすべて停止現示していたとする駅側と乗務員側との主張の相違が法廷にも持ち込まれ、長年にわたって争われた。

しかし、法務当局が詳細な証拠を固めた調査結果では、行き違い駅の変更の局指令を発したのは約30分前の17時53分頃であって、この場合の前もっての機関車乗務員に対する通告は、所管の天王寺鉄道管理局の内規では必ずしも規定していないし、六軒駅が松坂駅と上り列車運行の閉塞扱いを行った過程からも、六軒駅の下り列車に対する下り信号機の直前変更はあり得なく、駅ホームの通票受けは通過列車のみとは限らないことなどから、結局、下り列車の機関車乗務員の信号誤認と判定された。

しかし、ダイヤ改正後には六軒駅での列車交換がなくなり、当日の交換取り扱いには駅側には不慣れが見られることや、運転取扱いの基本ともいうべき『運転取扱心得』(1947年に改正制定)には、この種の運転変更は駅長から動力車乗務員への通告は運転通告券によるとしていながら、天王寺鉄道管理局が採り入れていなかったことなどを総合すると、機関車乗務員のみの責任としたのは公正でないようにも思う。

また、死傷者を多くした上り列車の六軒駅への進入を、駅関係者が事故発生後に即刻上り場内信号機を停止現示に変更して、停車手配すべきであったと、駅関係者も機関車乗務員とともに起訴された。

下り列車の安全側線進入による脱線転覆から、上り列車の進入衝突までの時間は推定で約30秒（一審は20秒、控訴審は30秒と認定）と短く、夜間で駅本屋から脱線箇所の状態の把握の困難もあって、緊急の処置が間に合わなかったとして、最終の判決は駅関係者は無罪、機関士と機関助士はそれぞれ禁固2年と1年（執行猶予3年）とされた。

本事故は、機関車乗務員の信号誤認という職員の過失による事故とされ、また死傷者の多くが下り列車の修学旅行中の前途ある生徒であったこともあって、国鉄は厳しい社会の糾弾を浴びた。

対策として、長年懸案になっていた車内警報装置の採用を正式に決め、また信号機の自動化および色灯化が促進された。

7-3 国鉄発足期の保安

国鉄は公共企業体の組織に衣変えし陸上輸送の主役として、保安を含めた輸送の改善増強に努めた。国内の全般の復興とあいまって運転事故件数も逐年減少し、代表的な列車事故の10^6km当たり件数は、1950年（昭和25年）の1.05件が1955年（昭和30年）には0.37件に減少した。

この時期に特筆すべき事故は、1951年（昭和26年）の桜木町駅での電車火災事故と、1956年（昭和31年）の参宮線六軒駅での列車衝突事故であった。

保安設備については一般設備と同じくまず復興が優先され、本格的な改良近代化は昭和30年代以降に見送られた。

当時占領下にあって、連合軍総司令部民間運輸局（CTS）長のH・ミラー大佐から特に国鉄総裁に対して、現行の保安についての規程は範囲が広すぎ、かつ複雑で、従業員が急速に習得できないこと、考査の標準が低すぎて問題のあることの2点の改善が要求された。このCTSからの勧告に基づいて、1951年（昭和26年）6月28日に制定された『安全の確保に関する規程』では、特に次の綱領が冒頭に謳われた。

①安全は輸送業務の最大の使命である。

②安全の確保は規程の順守および執務の厳正から始まり、不断の習練によって築きあげられる。

③確認の励行と連絡の徹底は安全の確保に最も大切である。

④安全の確保のためには職責を越えて一致協力しなければならない。

⑤疑わしい時は手落ちなく考えて最も安全と認められる道を採らなければならない。

次いで運輸省からも民鉄を対象とした『運転の安全の確保に関する省令』が制定公布され、これにも次のような綱領が冒頭に謳われた。

①安全の確保は輸送の生命である。

②規程の順守は安全の基礎である。

③執務の厳正は安全の要件である。

これらの綱領は、保安設備が格段に改善されている現在でも通用する内容であろう。

この期間で保安にも関連して推進されたのは、八高線の教訓もあって、1949年（昭和24年）から始められた木造客車の鋼体化工事と、1955年（昭和30年）からの戦時規格の蒸気機関車ボイラーの取替え工事で、その内容は次項に記す。

7-4 木造客車の鋼体化工事

1947年（昭和22年）2月25日の八高線事故（P83参照）は、史上第2位の死者数を出した大事故で、犠牲者を多くした理由の一つには、老朽の木造客車があげられた。当時の大都市の電車を除いて、旅客輸送のすべてを担っていた保有客車約10,800両のうち約60%が木造車で、車令もすべて25年以上を経過していたため、安全性からも耐用命数の面からも早急の更新が迫られていた。しかし戦後の激しいインフレ経済下の財政運営では、大量の客車を短期間に新しい鋼製客車におきかえることは不可能であった。

従って、より安い費額で実施することとしたのが、国鉄の発足の1949年（昭和24年）から7年計画の客車鋼体化工事であった。すなわち、17mの古い木製客車の鋼台枠を活用してつくり直し（17mの3両の台枠で20mの2両の台枠）、その台枠に20mの鋼車体に組み上げ、状態のよい台車、連結器、ブレーキ装置等は補修して再用したため、工事費は新製費の約2分の1ですんだ。

この客車鋼体化工事には、全国の鉄道工場と一部の車両メーカーが動員されて、毎年500両のペースで進められ、1955年（昭和30年）までに3,530両（工事費135億円、時価約1,500億円）が完成した。

本工事により、我が国の客車はすべて安全性の高い鋼製客車になり、当時の諸外国の鉄道と比較しても鋼製客車への転換を完了した最初の鉄道となっている。

7-5 蒸気機関車ボイラーの取替え

国鉄の発足の1949年（昭和24年）ごろは、輸送の主力は依然として蒸気機関車であった。戦後は幹線の電化を推進し、海外の動向などからディーゼル機関車の開発も採り上げていた。しかし、これらの動力近代化のテンポでは、戦時規格のボイラーを搭載した蒸気機関車を当分使わざるを得ないと判断して、1955年（昭和30年）から5年間にわたって対象のボイラー539本を取り替えたが、これは保安面からもまた蒸気機関車の歴史においても特筆すべき大工事であった。

蒸気機関車のボイラーは、火が直接当たる内火室や燃焼ガスが通過する煙管は数年ごとに取り替えるが、火の当たらない外火室や円胴は蒸気機関車の寿命とほぼ同じとされていた。5-2(21)（P73参照）と6-2(4)（P78参照）に記したように終戦前後にかけて戦時製作のD52形式のボイラーがあい次いで破裂事故を起こし、次いで1948年に奥羽線でD51形式の第3ボイラー胴長手継手破裂事故、1950年に東北線でC62形式（ボイラーはD52形式を再用）外火室溶接継手破裂事故が続き、その後も鉄道工場での定期検査時の水圧テストでも、その他の形式でも多くの不良が発見されて、抜本的な対策が懸案になっていた。

その後、鉄道工場に設備されたX線装置はボイラー板内部の精密検査を可能とし、その検査結果から戦時および終戦直後の新製ボイラーに多くの欠陥が発見された。しかし、当時の動力近代化のテンポは資金難などでおそく、蒸気機関車はなお相当長期にわたって使用される見通しで、欠陥ボイラーは保安の面からもいつまでも放置できないとされた。そのため1955年（昭和30年）から5年計画で、全国の鉄道工場と一部の機関車メーカーが動員されて、539本（昭和30年の在籍蒸気機関車約4,800両）のボイラーが製作されて取り替えられ、廃車まで支障なく使命を全うすることができた。

取り替えた形式別本数は、D62形式16本、D52形式74本、D51形式230本、C62形式46本、C61形式33本、C59形式37本、C58形式46本、C57形式57本。

8 鉄道近代化前期

(1957～63年)

昭和30年代は産業経済全般の成長率が高く、電気洗濯機・テレビ・冷蔵庫の3種の神器の普及とともに国民の生活水準が著しく向上した。

当時なお、相当比率の輸送シェアを占めていた国鉄は、増強近代化のための大規模な設備投資を内容とした長期計画を推進し、またこの時期の国内の技術革新進歩が目ざましく、施設・車両が改善されて、日本の鉄道の歴史で最高度の転換を遂げた。

すなわち、従来は短距離の運転を主な分野としていた電車が、カルダン式駆動装置などの改革により高性能化され、あらゆる輸送分野に普及した。1958年（昭和33年）には特急電車“こだま”の誕生により最高速度を110km/hに向上し、東京～大阪間が日帰り可能の6時間半に短縮された。

戦後フランスで実用化された高圧の交流電化を、日本でも自主開発により実用化に成功すると新しい電化線区に導入され、優れた牽引性能などの新技術が電気車両の全般の改善に採用された。

地方線区に投入された液体式のディーゼル動車は高速タイプも誕生して、電化に先行して非電化線区の特急・急行列車に就役してサービスアップに貢献し、全国の主な幹線にディーゼル特急網を形成したのも画期的であった。

この時期には固定編成の特急客車が誕生し、冷暖房装備の乗り心地の優れた室内整備は動くホテルとされ、ブルートレインが主要線区に設定された。

これらの近代化列車の設定に対応するため、線路設備、信号や連動装置の近代化も推進された。

列車の高速化、頻発に対応して採用されたのが、懸案とされていた車内警報装置で、参宮線事故（P99参照）を契機として採用を決め、次いで三河島事故（P110参照）により列車自動停止装置の採用になった。

この時期に東京・大阪・名古屋の大都市の地下鉄の建設が、公的助成もあって急ピッチに進められ、自動車の激増による道路の渋滞、路面電車の廃止もあって、地下鉄は大都市機能にとって欠くことのできない近代的交通機関となった。

鉄道の貨物輸送は、輸送力整備の進んだ段階で量から質への変換が図られた。すなわち、実際の発着地間の輸送を調べると、鉄道輸送には発駅までと着駅からの小運送を伴い、かつ駅でトラックと貨車との積み替えを必要とするため、包装費や小運送と積替え費などが鉄道運賃を大きく上回っている場合が多かった。そのため、包装の簡略化と駅頭荷役のフォークリフト機械化に対応できるよう、コンテナ輸送が採用されて拠点間の直行列車から普及が図られた。

8-1 鉄道近代化前期の重大事故

(1) 常磐線の架道橋移動による列車脱線転覆事故

1957年（昭和32年）5月17日20時30分、常磐線（単線、自動閉塞式）大野～長塚（現在の双葉）間で、下り第203旅客列車（機関車C62形式、客車9両、換算37両）が惰行運転中、機関車と客車3両が築堤下に脱線転覆、客車2両が脱線し、3人が死亡、54人が負傷した。

原因は、トラックが積載していた闊大貨物により架道橋の橋桁を衝撃して、線路が移動屈曲していたためであった。

この種の事故の防止対策として、架道橋の直前の道路に防護桁を設けることになり、全国的に整備された。

(2) 三重電鉄北勢線の過速による電車脱線転覆事故

1957年（昭和32年）11月25日8時10分、三重電鉄（現在の近鉄）北勢線（軌間762mm、単線、通票閉塞式）麻生田～上笠田間で、下り電車（編成3両）が下り勾配のS曲線で脱線転覆し、2人が死亡、75人が負傷した。

原因はラッシュ時の満員で、ブレーキの速度制御がおくれたためであった。

(3) 山陽線の踏切事故

1958年（昭和33年）8月14日14時3分、山陽線（複線、自動閉塞式）岩国～南岩国間で、京都行上り第6“かもめ”特急旅客列車（機関車C62形式、客車9両、換算31両）が75km/hで力行運転中、警報機付の第三種踏切で米軍トラックと衝突し、機関車と客車5両が脱線転覆し、43人が負傷した。

高速運転で衝突した車両の転覆のわりに、人の被害の少なかったのは幸運と言えよう。

原因は、米軍トラックが踏切で、下り第57旅客列車の通過後、警報機が鳴動中にもかかわらず、列車が通過したとして踏切に進入したためであった。

この種の事故防止のため複線区間の第3種踏切には、列車の進行方向表示装置の整備が推進された。

(4) 阪急電鉄線の踏切事故

1959年（昭和34年）1月4日22時50分、阪急電鉄京都本線（複線、自動閉塞式）上新庄駅近くの第1種踏切で、下り急行電車（編成6両）が大阪市営バスと衝突し、次いで上り急行電車（編成6両）もバスに衝突し、バスの乗客7人が死亡、6人が負傷した。

原因は踏切警手の遮断機の操作おくれで、両電車は非常ブレーキにより衝突時の速度が低かったため大事故を免れた。

(5) 東海道線の貨車車軸折損による列車衝突事故

1959年（昭和34年）5月14日10時26分、東海道線（複線、自動閉塞式）茅ヶ崎～平塚間で、下り第169貨物列車（機関車EF15形式、貨車54両、換算117両）が62km/hで惰行運転中、33両目の冷蔵車の車軸が折損したため脱線転覆した。

34両目以下の11両が脱線し、隣の旅客上り本線を支障、これに上り第714電車（80系、編成15両）が衝突して、電車1両が脱線、貨車10両が破損、61人が負傷した。

上り電車の運転士が遠くより転覆貨車を認めて非常ブレーキを扱い、衝突時の速度が停止直前で軽被害であったのは幸運と言えよう。新型電車の応答性の優れた電磁自動ブレーキ機能も幸いした。

対策として、車軸の探傷技術の向上が推進された。

(6) 東海道線の信号冒進による電車追突事故

1961年（昭和36年）1月1日16時42分、東海道線（複線、自動閉塞式）東京～有楽町間で、東京駅の場内信号機の停止現示で停車中の上り第1502S電車（編成15両）に、後続の上り第308電車（編成15両）が追突し、電車6両が脱線、24人が負傷した。

原因は、後続電車が閉塞信号機の停止現示で一旦停止し、最徐行で運転していたが、曲線で見通しが悪く、先行の電車を発見してブレーキ操作を行ったが間に合わなかった。この種の注意運転は、支障があっても衝突の避けられる速度（規程は15km/h以下）としているが、この場合は速度が高かったのであろう。

正月早々の不注意事故は珍しい。

(7) 小田急電鉄線の踏切事故

1961年（昭和36年）1月17日17時25分、小田急電鉄本線（複線、自動閉塞式）和泉多摩川～登戸間の警報機付き第3種踏切で、向ヶ丘行普通電車（編成4両）が砂利積みダンプカーと衝突し、電車の1・2両目は多摩川鉄橋より脱線転落、3両目が脱線、ダンプカーが大破し、ダンプカー運転手1人が死亡、21人が負傷した。

電車は折り返し駅の近くで乗客が約80人と少なかったのが幸運であった。

原因は、ダンプカーが警報機の警報を聞きながら一旦停車を怠ったため。

(8) 羽越線の踏切事故

1961年（昭和36年）8月29日20時55分、羽越線（単線、連査閉塞式）新津～京ケ瀬間で、下り第839旅客列車（機関車C57形式、客車5両、換算18両）が約

小田急線の踏切事故

60km/hで力行運転中、前方の警報機付き第3種踏切を横断しようとしているトレーラー牽引トラックを発見して、非常ブレーキを扱ったが衝突した。衝突後トレーラーを機関車前頭で押して進行して、踏切より25m先方の阿賀野川橋梁トラスに激突して屈曲破損したため、第1連トラス（径間61m）が橋台より川に転落し、そのため機関車が脱線転落して大破し、客車2両が脱線、機関車乗務員2人が死亡、12人が負傷した。

原因はトラックが警報機警報中に横断したため。

(9) 山陽線の隔時法による列車追突事故

事故当日は西中国では稀な大雪のため、雪害により通信不能になり信号機停電等で、列車の運転は隔時法によっていた。

1961年（昭和36年）12月29日12時ごろ、山陽線（複線、自動閉塞式）小野田～西宇部間で、隔時法により運転して前方の列車の停止を認めて停車中の下り第1特急旅客列車（機関車C62形式、客車20系14両、換算42両）に、後続の第2405ディーゼル動車（編成5両）が追突して、客車1両とディーゼル動車1両が脱線し、50人が負傷した。

徐行中の第2405ディーゼル動車の運転士が、先行の第1特急旅客列車の最後部を認めたのは約80m手前で、非常ブレーキを扱ったが及ばなかった。

第1特急旅客列車の車掌が後方防護を行わなかったことも事故を招いた。

この種の条件時に最後の手段として採用されてきた隔時法運転は、本事故がきっかけで廃止された。

(10) 常磐線東海駅構内の分岐器過速による列車衝突事故

1961年（昭和36年）12月29日、常磐線（複線、自動閉塞式）東海駅通過の上野行上り急行旅客列車（機関車C62形式、客車12両、換算41両）の機関車乗務員が、中線通過の場内信号機の進行現示を本線通過と誤認し、分岐器の制限速度の35km/hを超過（推定約70km/h）して進入したため、機関車と客車6両が脱線し、上り本線に停車していた上り貨物列車と衝突し、11人が死亡、4人が負傷した。

通過の急行列車を本線ではなく中線を通したのは正常でないが、当日は列車ダイヤが乱れていて、本線に待避列車がいたため異常な扱いになった。中線進入の場合の信号機は注意現示とすべきであるが、記録には残っていない。

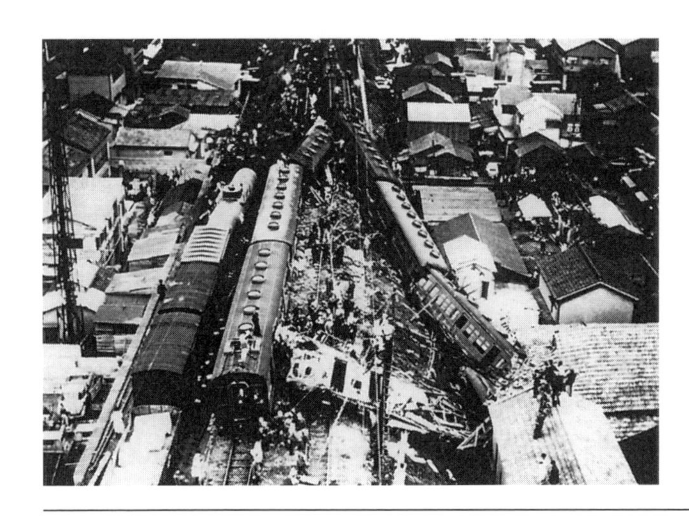
常磐線三河島駅構内の列車三重衝突事故

(11) 常磐線三河島駅構内の信号冒進による列車三重衝突事故

1962年（昭和37年）5月3日21時37分、田端ヤードを定時に発車した常磐線（複線、自動閉塞式）の下り第287貨物列車（機関車D51形式、貨車45両、換算98両）は、先発の下り電車が遅れていたため、三河島駅構内貨物線で臨時停車の措置がとられていた。

ところが、下り貨物列車の機関車乗務員は貨物線場内信号機の注意現示を見落として運転し、次いで下り本線合流の出発信号機の停止現示を認めて非常ブレーキを扱ったが、安全側線に進入して車止めを突破し、機関車と次位タンク車が脱線して、下り本線を支障した。ところがその直後に、三河島駅を4分延発で下り本線を進行していた下り第2117H電車（編成6両）が、脱線車両に接触して前部の2両の電車が脱線して、上り本線を支障した。このとき、この電車の多くの乗客は非常扉開閉コックを扱いドアを開けて下車し、近くの三河島駅に向かうべく上り本線を歩行し始めた。

続いて、約6分後に上り本線を上り第2000H電車（編成9両）が進入してきて、前方の線路を支障している電車を認めて非常ブレーキを扱ったが及ばず、下り脱線電車に衝突して前から4両が脱線大破、下り電車も前から2両が大破し、160人が死亡、296人が負傷した。

過去にもこの種の事故を何度も経験していて、下り電車の脱線から上り電車の進入まで約6分の時間がありながら、上り線に対する停止手配または防護を、列車乗務員も三河島駅関係者のいずれもとらなかったのが、本事故の犠牲者を特に多くした。

教育による知識を有し、多少の訓練をしていても、緊急時に役だつことが如何に難しいことであるかが、本事故の教訓であった。

本事故の関係者が起訴され、信号を見落とした貨物列車の機関車乗務員2人、防護措置をとらなかった下り電車の乗務員2人、上り線の停止手配をとらなかった三河島駅助役と信号掛2人が、禁固8ケ月から3年と判決された。

本事故の抜本的対策として、懸案とされていたATSの全面取り付けを決め、また緊急用として動力車の車両用信号炎管の装備、隣接線支障時に作動する防護装置の設置、安全側線の改良等が推進された。

これらのハード面の対策と並行してソフト面での対策も考慮すべきであるとして、心理学・医学などを加えた人間工学面をも究明することとして、1963年（昭和38年）6月に鉄道労働科学研究所が設立された。

(12) 鹿児島線の閉塞扱いミスによる列車追突事故

1962年（昭和37年）7月20日9時50分、鹿児島線（複線、自動閉塞式）鳥栖～肥前旭間で、下り第4001M電車（421系、編成4両）が約75km/hで惰行運転中、肥前旭駅の場内信号機手前で停車していた第621旅客列車（機関車C57形式、現車4両）を約230m手前で発見し、非常ブレーキを扱ったが及ばず追突し、電車1両が脱線し、66人が負傷した。

事故当日は信号配電線工事のため、自動閉塞式を通信閉塞式に変更していた。鳥栖駅運転掛は先発列車が肥前旭駅に到着していないのに、肥前旭駅との閉塞扱いを行わず、到着を予想して独断で後続電車を発車させたため起きたもの。

本事故の教訓として、通信式閉塞法が廃止された。

(13) 南武線の踏切事故

1962年（昭和37年）8月7日17時14分、南武線（複線、自動閉塞式）津田山～久地間の第3種踏切で、下り第1629電車（編成4両）が約50km/hで惰行運転中、進行左側から一旦停車しないで踏切に入ってきた小形トラックに衝突して脱線し、上り線を支障した。次いで防護手配するいとまもない直後に、上り線を走行してきた上り1742電車（編成4両）が、前方の支障電車を認めて非常ブレーキを扱っ

南武線の踏切事故

たが及ばず、支障電車に衝突して両電車の1両目が脱線し、3人が死亡、197人が負傷した。

そのころから自動車の急増により踏切事故が大幅に増加し、踏切の抜本的整備対策が採り上げられた（8-5参照）。

(14) 羽越線の信号冒進による列車衝突事故

1962年（昭和37年）11月29日22時20分、羽越線（単線、連査閉塞式）羽後本庄～羽後岩谷間で、上り第2050貨物列車（機関車DF50形式、貨車11両、換算42両）と、下り第687回送単機（機関車D51形式）が、いずれも約50km/hの速度で正面衝突し、機関車2両と貨車5両が脱線転覆し、機関車乗務員2人が死亡、3

人が負傷した。ディーゼル機関車の前頭部は押し潰され、乗務員2人が亡くなり、蒸気機関車の乗務員は衝突直前に飛び降りて重傷を負いつつも、付近の人家にかけつけて事故を急報した。

原因は、羽後本庄駅の信号掛が秋田局からの行き違い変更（羽後岩谷から羽後本庄）の列車指令をうけ、行き違い変更に対する信号機を扱いながら（下り出発信号機を進行より停止現示に変更)、ホームにいた当務駅長への報告がおくれた。次いで、行き違い変更の知らされていない当務駅長と、下り単行機関車の乗務員のいずれも出発信号機を確認しないで発車してしまった。

1947年（昭和22年）の室蘭線の列車衝突事故（P84参照）と同一例であった。列車の運転はすべて信号を確認するという基本動作の厳守につきる。

衝突が旅客列車でなかったのが幸いといえよう。

(15) 近畿日本鉄道阿倍野橋駅構内の信号冒進による電車衝突事故

1963年（昭和38年）5月18日12時45分、近鉄南大阪線（複線、自動閉塞式）阿倍野橋駅を発車した古市行下り電車（編成4両）が、進入してきた吉野発上り急行電車（編成4両）と衝突し、3両が脱線、43人が負傷した。

原因は、下り電車の車掌が誤って自動ドアを閉じ、運転士はドア閉鎖のランプ消灯を見て、出発信号機を確認しないで発車したためで、車掌・運転士のいずれも基本動作を欠いたためであった。

ATSの装備によりこの種の事故はなくなった。

(16) 筑肥線の踏切事故

1963年（昭和38年）8月7日7時57分、筑肥線（単線、通票閉塞式）今宿～姫浜間で下り第581D列車（編成5両）が65km/hで力行運転中、大谷踏切（第4種）を横断しようとしているダンプカーを発見して急停車手配をとったが及ばず衝突し、ダンプカーは大破、1両目気動車は脱線転覆、2両目は全軸脱線して傾斜し、気動車運転士が死亡、62人が負傷した。原因はダンプカーの不法直前横断のため。

自動車の踏切での一旦停止の励行と電車・気動車の前面強化が要望された。

(17) 鹿児島線の踏切事故

1963年（昭和38年）9月20日19時4分、鹿児島線（複線、自動閉塞式）香椎

～箱崎間を下り第5024M電車（421系、編成4両）が約90km/hで力行運転中、自動遮断機付踏切上に停止していた大形トラックを認めて、非常ブレーキを扱ったが及ばず衝突し、1両目が進行右側に脱線横転し、2・3両目も脱線して上り線を支障した。次いで、防護のいとまのない直後に、上り第631Dディーゼル動車（キハ20形式1両）が72km/hで力行運転中に、約200m前方の薄明かりに支障電車を認めて非常ブレーキを扱ったが衝突、脱線転覆して8人が死亡、154人が負傷した。

夜間での視認可能距離は昼間に比べて大幅に減少して、この種の条件での非常ブレーキでは衝突を回避できないことを実証している。

前年の南武線の踏切事故（P111参照）と同類で、踏切対策の促進が要望された。

(18) 東海道線鶴見での貨車競合脱線による列車三重衝突事故

1963年（昭和38年）11月9日21時51分、東海道線（3複線、自動閉塞式）鶴見～新子安間を下り第2365貨物列車（電気機関車EF15形式、貨車45両、換算102両）が約60km/hで力行運転中、前から43両目のワラ501有がい車（積荷ビール麦）が進行左側に脱線し、続く2両も脱線して、架線電柱を傾斜させ隣接の旅客上り線を支障した。このとき後部からブレーキが作用したため、機関士は非常ブレーキを扱い約435m進行して停止した。

次いで直後に旅客上り線を進行してきた東京行上り第2000S電車（70系、編成12両）が支障していた貨車に衝突して電車3両が脱線し、先頭車が、同時刻に進行してきて前方の架線の異常を認めて非常ブレーキを扱っていた久里浜行下り第2113S電車（70系、編成12両）の4・5両目と衝突、これを大破し、162人が死亡、

東海道線鶴見での列車三重衝突事故

120人が負傷した。

貨車が脱線して隣の線路を支障した直後に、上下の電車が同時に進行してきて衝突というのは、悪魔のなせるわざとしか考えられないほどである。

事故直後の調査では、線路側・2軸貨車ともに特に欠陥が認められず、また運転状態も問題になる点がなく、脱線は競合によるものとされた。

本事故の発端になった2軸貨車の線路との競合脱線事故は、長年にわたって年間数件の発生が続いていたためもあって、本事故の重大性にも鑑み専門の技術調査委員会を設けて徹底的に対策が研究された（8-5参照）。

8-2 近代化前期の保安

本時期には設備の増強近代化を柱とする長期計画が推進され、折りからの技術革新ともあいまって輸送が積極的に改善された。しかし、過渡期のため近代化と在来の旧態が混在していることによる支障の起き易いのは、止む得ないことであった。

施設・車両の整備水準も戦前を上回り、代表的な列車事故が1957年（昭和32年）の列車10^6km当たり0.35件が、1963年（昭和38年）には0.18件と半減した。

しかし、1962年（昭和37年）の常磐線三河島駅の三重列車衝突事故（P110参照）、1963年（昭和38年）の東海道線鶴見の列車三重衝突事故（P114参照）の悲惨な大事故があい次いだ。1956年（昭和31年）の参宮線事故（P99参照）により信号冒進対策として車内警報装置の整備を続けていたが、三河島事故によりATSを加える可及的速やかな整備を決め、1966年（昭和41年）までに全車両・全線の整備を完了した。

三河島事故の反省として、ハード面の対策のほかに、人の面の研究の必要が採り上げられて、1963年（昭和38年）に鉄道労働科学研究所が設立された。

またこの時期には自動車の急増により踏切事故が多くなり、重大事故に占める踏切事故の比率が増える一方であった。そのため踏切の整理統合、高架化、立体交差化なども積極的に採り上げることとした。

保安設備の改善と併せて運転管理の近代化策として、国鉄最初のCTC（列車集中制御装置）が、1958年（昭和33年）に伊東線来宮～伊東間16kmに採用され、次いで横浜線神奈川～八王子間43kmにも採用された。これらの実績も経て本格的に採用されたのが東海道新幹線で、その後は在来線に普及した。

単線の通票閉塞式の改善策の一つとして、タブレットの通票の携行を廃した連査閉塞式が1959年（昭和34年）に二俣線で試行され、高速列車の増発により駅の通過運転の増加にも対応して、順次普及した。

8-3 車内警報装置およびATSの採用

我が国の最初のATSの採用は、1927年（昭和2年）開業の東京地下鉄の打子式で、信号機の停止現示に応じて線路間に打子が立てられ、打子が電車の空気ブレーキ装置のコックを開けて空気を排出して非常ブレーキがかかる仕組みのものであった。この方式は高速列車には機構的に無理で、国鉄でも所要の機能のATSを大正時代から研究していた。

すなわち、1921年（大正10年）に東海道線汐留～品川間で磁気誘導式のATS、1935年（昭和10年）東海道線大津～京都間で連続コード式車内警報装置、1940年（昭和15年）東海道線三島～沼津間で連続コード式ATS、1943年（昭和18年）東海道線茅ヶ崎～平塚間の貨物線で連続コード式ATSの試験を行っていた。

戦時輸送対策の緊急工事として戦争末期に、東海道線東京～沼津間と山陽線姫路～門司間に連続コード式ATS設置工事が進められた。この方式は、①信号機の注意現示区間に進入の時に、確認扱いをしないとブレーキが作用すること、②乗務員のブレーキ扱い後、30km/h以下でないと緩解できないこと、③無閉塞運転では20km/h以上になると非常ブレーキがかかること、など高水準のものであった。

しかし、戦争末期の空襲により資材を焼失して、完成できず終戦になった。本工事は終戦後も継続に努めたが、資材難に加えてGHQの承認が得られず、工事はやむなく中止となった。しかし、その後も信号冒進事故があい次いでいたため、早期の採用が待望され研究を続けていた。

本格的な車内警報装置として採用されたのが、1950年（昭和25年）の運転間隔の短い大都市電車区間のB形車警で、東京・大阪の国電区間に設置された。B形車警の制御電流は、自動信号の軌道回路電流を利用したものであった。

次いで、1956年（昭和31年）参宮線の列車衝突事故により、主要線区に対するA形車内警報装置の緊急整備が決定された。A形車警は自動信号方式の線区に設置されるもので、地上側は車警用の電流を軌道に信号機の現示条件によって流し、車上側はこの電流をうけ増幅している。A形車警は東海道・山陽線から設置を始め、1960年（昭和35年）に使用を始めた。

これらの自動信号線区の車内警報装置の整備に並行して、非自動線区に適用する地上子設置のC形についても研究され、4つの候補案を比較テストの結果、C形を選定して1962年（昭和37年）から工事を始める予定であった。

ところが三河島事故の教訓として、車内警報装置にATSを付加する方針を急遽決めた。

すなわち、施工している車内警報装置にATSを併設することとし、さっそくA形車警はATS-S形の地上子を併設したATS-A形に、B形車警はATS-B形に、C形車警はATS-C形にとして、可及的速やかに整備することとした。

8-4 連査閉塞式の採用

単線区間で最も多く実施されていたのが通票閉塞式であったが、ディーゼル動車による快速（準急・急行）列車が全国的に増発されると、駅通過の場合に通票の授受を伴い運転速度の制限をうけ、授受要員も必要などの問題が指摘された。また、在来の通票閉塞式は閉塞装置と場内及び出発信号機との関連がないことも問題とされてきた。一方、自動信号化はコストが大きいため早急の普及は困難であった。そのため、過渡的な改善策として採用されたのが、通票閉塞式に代わる連査閉塞式で、1961年（昭和36年）から採用されて、快速列車の設定の所要線区の2,300kmに普及した。

その要点は、閉塞区間の両駅の場内信号機付近に短小の軌道回路を設け、両駅には一対の閉塞梃子を設けて共同して進行方向を扱い、閉塞区間に列車または車両のあるときは梃子は転換できない、両端駅の出発信号機は相互に連動した装置とし、一方の出発信号機が進行現示の時は、他方の出発信号機は停止現示になる。

すなわち、① 閉塞と信号機とを関連づけて、通票を携帯することなく運転できる、② 閉塞区間に列車または車両があるときは出発信号機は停止現示する、③ 閉塞装置に故障のあるときは出発信号機は停止現示する、④ 保安度は通票閉塞式と同等以上であること、⑤ 信号機はそのままなど通票閉塞式に容易に置き換えができ設備費が低廉であること、などであった。

8-1(14)の羽越線での列車衝突事故（P112参照）では、採用間もない連査閉塞式の保安度に批判もあったが、同事故の原因は閉塞扱い者から駅助役への連絡のおくれと、駅助役・機関士のいずれも出発信号機の現示を確認しないで発車したことなどで、連査閉塞式は後年のCTCに代わるまで使用が続けられた。

8-5 踏切整備の推進

従来の踏切は、1940年（昭和15年）制定の4種類に分けられていた。すなわち、

第1種は昼夜を通じて踏切警手の配置のあるもの、

第2種は一定時間に限り踏切警手の配置のあるもの、

第3種は踏切警手の配置がなく警報機が設けられたもの、

第4種は踏切警手の配置がなく警報機も設けられないもの、

とし、制定当時は無防備の第4種が約90％を占めていた。

戦後、進駐軍の軍用車による踏切事故が多かったため、GHQの指示により第2種は第1種に格上げされ、踏切の表示が緊急に整備された。

次いで、踏切の近代化策として1955年（昭和30年）に試験的に自動遮断機を採用したところ成績が良好で、第1種に採用して、要員合理化策ともあわせて、積極的に普及させることとした。

また、従来の立体交差に伴う工事費は、鉄道と道路側との折半負担としていたが、鉄道側は受益の範囲内（踏切経常費の10年分以内）を長年主張して、1958年（昭和33年）から道路側3分の2、鉄道側3分の1に改められた。

この間の復興と高度経済成長により、自動車の急増、列車回数の増加とスピードアップ等に伴い、踏切事故が1949年（昭和24年）の約1,000件が、1953年（昭和28年）の約2,000件、1960年（昭和35年）には3,000件を越えるに至った。加えて8-1に記したように、重大事故になるものが多くなり、全重大事故件数のうち踏切事故が約半分を占める状況になった。

そのため、国鉄本社に1961年（昭和36年）専門に担当する踏切保安部を新たに設けて、踏切の整理統合、踏切保安設備の整備、踏切の立体化等を推進した。

その結果は、約10年間で約1万ケ所（約25％）が統合され、第4種踏切の比率が87％から47％（自動車通行禁止踏切を除くと14％）に激減し、165ケ所が立体交差化されて、大幅に改善された。

複線区間の踏切事故は、8-1に多くの事例を記したように、事故発生では隣接線

路をも支障して併発事故を起こす場合が少なくないため、複線区間の1種および3種踏切に対しては、踏切支障報知装置および照明設備を整備するよう推進した。

8-6 貨車の競合脱線事故防止対策

線路も貨車も特に欠陥がなく、いずれも整備限界数値内にあり、また列車の運転状態も異常でないのに、2軸貨車が突発的に脱線する事故が古くから起きていた。明治時代は列車のスピードが低かったため、記録に残っている貨車脱線による重大事故は1件のみであったが、昭和期になって空気ブレーキの整備とともに列車のスピードが高まって、この種の事故が目立ち始め、戦前から脱線防止対策が研究されていた。

戦後も年間4件前後の発生のまま推移して、1963年（昭和38年）の鶴見事故が起きてしまった。本事故の重大性に鑑み、早速専門の『技術専門委員会』を設けて、事故の原因をあらゆる角度から徹底的に研究調査するとともに、この種の事故の絶滅を目標に総合的な脱線事故防止対策を検討することとした。

本委員会は5年間にわたって大がかりな調査研究および各種の走行試験を行い、鶴見事故は貨車・積荷・線路・運転状態等には単独で脱線を起こさせる要因があったのではなく、多くの要因が重なりあった競合脱線と判定された。

この競合脱線の現象は極めて複雑で、多くの解明を要する問題点が残されているため、研究の対象を広い範囲に拡大して徹底的に検討された。すなわち、各種の走行試験に加えて、鉄道技術研究所での模型実験、電子計算機によるシミュ

狩勝線での脱線テスト

レーション、実際の脱線実験など各方面からの研究が推進された。なお、鶴見事故を起こした2軸貨車のみでなく、脱線実績のあるボギー貨車や石炭車も対象とした。

この一連の研究で、過去にもまた海外でも前例のないものが、実験線での現車による脱線試験であった。すなわち、脱線事故原因の究明のため、各種の列車走行試験を行ったが、営業線を使用して実施する場合は、営業列車の運行に支障する恐れもあるため、実際に脱線に至るまでのデータをとることは不可能であった。従って、実際の走行脱線を行うため、1967年（昭和42年）に根室線落合～新得間のルート変更で廃止になった旧線を実験線として、現車による脱線試験を行った。

以上の長期にわたる広範囲の調査研究の結果、採用された対策は次のとおりであった。

車両側では、

①2軸貨車のタイヤコンタN踏面化の実施（116,000両）

②2軸貨車のバネ吊座の形状改良（55,700両）

③ボギー貨車の台車側受隙間を6～12mmに拡大（4,592両）

④ボギー貨車TR41台車をコイルバネとオイルダンパ付に改良（1,824両）

⑤石炭車の台車枕バネ改良（590両）

線路側では、

①複線区間の要注曲線（半径と線形など）に脱線防止ガードの設置（2,355km）

②要注箇所にレール塗油器を設置（21,000箇所）

その他として主要ヤード（大宮・新鶴見・稲沢・吹田等）に貨車偏積測定装置を設置するという広範囲な対策であった。

一連の対策で特に有効と考えられたのが、車輪コンタのN踏面化、台車の改良と、要注曲線の脱線防止ガードの設置であった。

2軸貨車の車体の蛇行動は、一般にその固有振動と輪軸の幾何学的蛇行動の振動数とが一致し易いという理論的根拠から、高速における走行安定性の向上のために、輪軸の蛇行動の波長を短くして、車体の蛇行動に対して不都合な速度をなるべく小さくする目的で、N踏面コンタの踏面勾配を円弧または複合とした（P59参照）。脱線防止についてはフランジ角度を65度（基本は60度）として脱線係数〔Q（横圧力）／P（軸重）〕の限界値を約20%高め、フランジ高さも30mm（基本は26mm）と可能な限り高くした。そして現車テストの結果では、直線区間走行のQ

(横圧力)／P(軸重)が基本コンタに比べて約50%になることが確認された。

これらの対策は1975年ごろまでにすべて完了し、その後の貨物列車の減少もあって、1975年以降は貨車の競合脱線事故は皆無に近くなった(1986年の列車キロは最盛期となる1970年の40%)。

8-7 鉄道労働科学研究所の設立

三河島大事故の信号誤認については、人間と機械の関係を徹底して究明するべく「人間－機械系」の学問的研究の必要性が生じてきたのが、鉄道労働科学研究所の設立の理由であった。長い歴史をもった鉄道技術研究所のほかに、職員すなわち人間側の対応できる条件や環境を探求しなければならない、鉄道の仕事に必要とされる人の資質や能力とはどんなものか、その限界がどの程度か、などが研究の対象とされた。そのため、対象の研究テーマは人文科学的なものを中心とし、職員の問題のほかに一般の利用客や沿線住民の環境にまで及ぶ、広範囲のものであった。

それまで国鉄の労働科学に関する研究業務は、心理面を主として中央鉄道学園の労働科学研究室と、医学面を主体とした更生局安全衛生課の労働医学研究室で行っていたが、両研究室は共通したものが多く、また相互に関連する研究対象も少なくないため、新たな研究所に統合され、労働生理・労働衛生・労働病理・労働心理・社会心理・人間工学の研究室と心理適性管理室がおかれた。

列車速度が向上し、列車回数と信号確認頻度が増す条件で、信号誤認をなくすには運転室の環境をどのように改善し、どのようなバックアップ装置がよいのかなどもテーマの一つであった。

大脳の活動状態が正常に働いているときの、人間の行動の信頼度は0.99～0.99999以上であるが、突発事故などの緊急事態が発生したときには動転して、注意が一点に集中し緊急防護反応が働いて判断能力が停止または低下し、その信頼度は0.9以下になるとの研究データも成果の一つであった。

人間の特性や心理を究明する研究は人間工学などで採り上げられ、その成果は事故防止対策に採用されている。一般に普及している「信号の指差喚呼」も、その効果が実証されている。

9 鉄道近代化後期

(1964～75年)

昭和30年代から推進された鉄道の近代化は、本期間でも継続された。

1964年(昭和39年)に開業した東海道新幹線の200km/hを超える超高速運転は、戦後には自動車の普及と航空機の発展で鉄道の将来を期待しなくなっていた西欧などの先進国に与えた影響は大きく、鉄道があらためて見直されて、動力の近代化とともに超高速列車網の整備の転機になった。

国鉄の在来線も主な幹線の複線電化がほぼ完了し、1968年10月には大幅なダイヤ改正が行われ、特急電車の最高速度が120km/hに向上し、全2軸貨車の二段リンク化により貨物列車の最高速度が75km/hに向上した。

長期計画で進められていた動力の近代化が目標の1975年(昭和50年)に達成されて、長年にわたって輸送の使命を果たしてきた蒸気機関車がすべて廃止された。すなわち全営業キロ約2万kmのうち7,500kmが電化され、残りはディーゼル運転となった。動力近代化による効果は、列車の高速化、無煙化によるサービス改善、動力費の節減、車両運用の延伸、輸送力の増強、要員の縮減、車両基地の集約、工場の合理化など、経営改善への貢献は極めて大きかった。

しかし我が国でもこの時期には、自動車の急速な普及と道路網の整備、航空機の発展のため、大都市近郊圏を除く鉄道の輸送は、昭和40年代をピークに減少に転じ、特に貨物が大幅に減少した。

貨物輸送の場合は、国内産の石炭の激減、海外資源の輸入に有利な臨海工業が増加して鉄道の利用が減少、需要の増加で増設工場が全国に配置されて輸送距離が短縮してトラック輸送に転移、敏速・到着日時の明確を求める物流の要請にヤード中継の鉄道輸送では対応できない、量産によるコストダウンでトラック輸送が有利、過激な労働運動による輸送障害により鉄道の信頼性の低下などの理由により鉄道の貨物輸送は逐年減少の一途を辿り、また固定的経費がそのままのため収支損の増加も大きかった。

一方、首都圏への人口集中は続いて在来線の電車の混雑が激しく、在来線のままでは対応できないため、総武・常磐・東北・中央・東海道の5方面の路線の複々線化を進め、横須賀線については貨物別線建設の機会に東海道線から分離して、東京駅の下に地下駅を新設して総武快速線と直通した。

この間、大都市近郊の私鉄も編成単位の増強と地下鉄の建設を積極的に進めた。一方、この期間には自動車の激増に伴う道路の渋滞のため都市の路面電車の廃止があい次ぎ、地方私鉄も利用低下による不採算のため多くが廃止された。

9-1 海外の重大事故

(1) モントリオール地下鉄の電車火災事故

カナダのモントリオール市の地下鉄は、起伏の多い地形などのため、フランスの技術を導入してゴムタイヤ方式（電気方式 直流 750V 第 3 軌条受電、最急勾配 65 ‰）を採用し、最初の路線が 1966 年（昭和 41 年）に開業した。

1971 年（昭和 46 年）12 月 9 日 22 時 20 分、ヘンリ・プラッサ駅に到着した電車（編成 9 両、基本編成 MTM）が折り返し電留線に進入した際に、ブレーキ制御を誤って奥に停留していた他の電車に衝突し、2両目が脱線して第1台車が線路際の第3軌条にくいこんで電気ショート回路を構成し、約 8,000 アンペアの電流が流れて火災が発生して停留中の電車36両が全焼、電車運転士が死亡した。電車がすべて空車であったことが、人災を軽くした。

衝突による衝撃のため運転士の乗っていた電車の無線電話が使用不能になって通話ができず、駅ホームにいた職員が遠方の電車の火災発生を見て、電話で中央司令室に通報して饋電（電力供給）停止したのが、衝突後 3 分以上も経過していたため被害を大きくした。

技術提供したフランスの地下鉄では火災事故の例がなかったのか、本電車の火災対策の難燃構造も不完全で、また変電所に過電流検出の非常遮断器がなかったなど、保安対策として極めて不備であった。

(2) ペン・セントラル鉄道の信号冒進による列車衝突事故

1972年（昭和47年）3月1日5時27分、アメリカのペン・セントラル鉄道のバイハズ信号場近くの本線（単線、自動閉塞方式、CTC）で、東行貨物列車（ディーゼル機関車2両、貨車105両、重量9,810t）と西行貨物列車（ディーゼル機関車2両、貨車104両、重量6,379t）が正面衝突して、機関車4両、貨車45両が脱線転覆し、両列車の機関車乗務員4人が死亡した。車両と施設の直接損害のみで約23億円の巨費が算定された大事故であった。

調査では信号設備、車両のブレーキ装置などには異常がなく、事故の原因はバイハズ信号場（有効長約5km）に行き違い停車すべき東行列車の機関士の仮眠（推定）により、出発信号機の停止現示を冒進して本線に入り、同信号場で行き違う予定の西行列車と衝突（衝突時の両列車の推定速度はいずれも約40km/h）したものとされた。

なお、東行列車の冒進により、西行列車に対する場内信号機が自動的に停止現示に切り替わったが、そのときは西行列車は場内信号機の付近を進行していたため、停止手配が間に合わなかった。

本事故の重大性に鑑み、未だ採用していなかった鉄道のATS及び列車無線の整備が推進された。

(3) フランスのトンネル内壁崩壊による列車衝突事故

1972年（昭和47年）6月16日20時50分、フランス国鉄東北線（複線、非電化）パリ～ランス間（パリ起点94km）のビュルジトンネル内のランス側入口から300m付近の内壁が幅4m、長さ12mにわたって崩壊し、約50㎥の土砂が線路に堆積した。これにランス行旅客列車とパリ行急行旅客列車がほとんど同時に、約110km/hの速度で乗り上げて脱線衝突し、両列車の107人が死亡、88人が負傷した。なお、事故の発生の20分前には同区間を単行機関車が支障なく通っていた。

原因は、トンネルの老朽化と地中の異変による崩壊とみられたが、トンネルや橋梁などの恒久的施設の老朽化に伴い、異常を予知する検査法の開発が以後の課題とされた。

9-2 鉄道近代化後期の重大事故

(1) 名古屋鉄道新名古屋駅構内での信号冒進による電車追突事故

1964年（昭和39年）3月29日9時55分、名鉄名古屋本線（複線、自動閉塞式）新名古屋駅（地下トンネル、現在の名鉄名古屋駅）構内で、停車していた新木曾川行急行電車（編成4両）に新鵜沼行特急電車（編成4両）が追突して、電車4両が脱線、143人が負傷した。

原因は、特急電車の運転士の見込み運転による場内信号機の冒進であった。同駅は上下の2線、ホーム3面のみで、常時2分時隔の限界に近いダイヤとしている背景があった。名鉄は本事故をきっかけに、ATSの採用を決めた。

(2) 名古屋鉄道線の踏切事故

1964年（昭和39年）5月3日8時30分、名鉄広見線（単線、自動閉塞式）可児川～今渡間の警報機付第3種踏切で、犬山行上り電車（編成2両）が冒進してきた大形トラックと衝突して前部を大破し、2人が死亡、42人が負傷した。

電車は前部運転台を大破し、そのまま下り勾配を転走し始めたが、乗り合わせていた名鉄職員が後部運転台の手動ブレーキを扱い、停車させて事なきを得た。

(3) 水郡線の信号扱いミスによる列車追突事故

1964年（昭和39年）10月26日15時55分、水郡線（単線、通票閉塞式）下菅谷駅構内で、開通待ちで停車中の常磐大田行下り第535Dディーゼル動車（編成3両）に、後続の郡山行下り第341Dディーゼル動車（編成4両）が追突して、双方のディーゼル動車7両が中破し、107人が負傷した。

原因は、下菅谷駅運転掛が、常磐大田行列車の到着時に行うべき、場内信号機の復位の基本作業を怠ったため。また駅構内は曲線で見通しが悪かった。

(4) 函館線の踏切事故

1964年（昭和39年）11月27日17時20分、函館線（複線、自動閉塞式）手稲～琴似間で上り第880Dディーゼル動車（編成6両）が約80km/hで惰行運転中に、前方の警報機付第3種踏切の支障を認めて非常ブレーキを扱ったが及ばず、自動車に衝突して約50m進行し、最前部車両が築堤下に脱線転覆し、2人が死亡、62

奥羽線の貨物列車の競合脱線事故

人が負傷した。踏切の自動遮断機整備の促進が要望された。

(5) 奥羽線の貨物列車の競合脱線事故

1966年（昭和41年）4月8日2時12分、奥羽線（単線、自動閉塞式）二つ井～前山間を上り第870貨物列車（機関車D51形式、貨車47両、換算97両）が約50km/hで惰行運転中、第4小繋トンネル中ほどで機関車が異常振動を感じたので非常ブレーキを扱って停止した。調べると5両目の貨車が約150m分離し、6両目貨車が脱線して横転し、7両目貨車から37両目まで全軸脱線していた。トンネル内の多数貨車の脱線転覆のため、狭い空間で作業がはかどらず、復旧に64時間を要した。原因は鶴見事故のケースと同じく、線路と貨車の競合による脱線とされ、研究中の一連の対策の繰り上げが要請された。

(6) 東海道新幹線の電車車軸折損事故

1966年（昭和41年）4月25日19時ごろ、東海道新幹線新大阪発東京行“ひかり42号”が名古屋駅を出て熱田付近の曲線を走行中に、車掌が最後尾1号車の後部台車の異常振動を感じ、次いで火花の発するのを目撃した。その後の直線区間では異常がなかったが、次の豊川橋梁付近で再び異常振動とともに火花を確認した。そのため急ぎ運転士に通報し、非常ブレーキがかけられ210km/hの列車は約2,400m走って豊橋駅を約400m過ぎて停止した。早速下車して調べると1号車の後部台車の第2軸に異常がみられた。中央列車指令と連絡をとり、事故列車を近くの豊橋駅の副本線に15km/hでバックして入れ、続いて後続の“ひかり”3本を豊橋駅に臨時停車させて事故列車の乗客を乗り換えさせ、最終列車の通過後に故障台車を搬送器具に載せて30km/hの徐行速度で、事故列車を次駅に近い浜松工場に回送した。

いち早く異常を発見したのは幸運で、超高速運転での大事故を未然に防止でき、また事故発生後の事後処理もすべて円滑に行われた。

浜松工場での解体検査の結果は車軸の折損で、折れた車軸は駆動装置と軸箱に挟まれていた。万全を期していた新幹線にとって、本事故は極めて重大であった。その後の調査では、問題の車軸は専門メーカーの製造過程で高周波焼き入れ中に停電があったためと判明した。

対策として、品質管理及び検査の万全を徹底することとした。

(7) 日豊線の貨物列車競合脱線事故

1966年（昭和41年）9月7日23時37分、日豊線（単線、自動閉塞式）宗太郎

日豊線の貨物列車競合脱線事故

～市棚間を上り第552貨物列車（機関車D51形式、貨車28両、換算43両）が約60km/hで力行運転中、列車後部からブレーキが作用したので、機関士は非常ブレーキを扱って停止した。調べると7･8両目の貨車が脱線し、9両目以降の20両が鐙川橋梁から転落していた。原因は線路と貨車の競合による脱線とされ、一連の対策の促進が要請された。

(8) 東北線の分岐器過速による貨物列車脱線転覆事故

1966年（昭和41年）11月18日東北線（複線、自動閉塞式）新田駅構内で上り貨物列車（機関車ED75形式、貨車34両、換算82両）が、退避のため中線への進入時に、分岐器の制限速度25km/hを超過（推定50km/h）して、機関車、貨車19両が脱線転覆した。

原因は機関士の速度抑制のおくれとされた。

緊急整備を完了していたATSではこの種の事故が防止できないため、制限速度の低い分岐器の手前で列車速度と照合して、制限速度を超えているときはATSが作動する分岐器速度制限警報装置（地上側）を、主要幹線に整備することとした。

(9) 東武鉄道線の過速脱線による電車衝突事故

1966年（昭和41年）12月15日22時37分、東武伊勢崎線（複線、自動閉塞式）西新井駅構内の大師線（単線、西新井～大師前間1km）曲線で、西新井駅着の電車（編成2両）が脱線して、隣線の伊勢崎線下り線を走行していた竹の塚行下り電車（営団地下鉄日比谷線中目黒発、編成6両）の3両目の側面に衝突し、地下鉄電車も3両が脱線大破し、7人が死亡、20人が負傷した。

原因は大師線電車の急曲線での減速のおくれで、復旧開通に約1日を要した。

(10) 南海電気鉄道線の踏切事故

1967年（昭和42年）4月1日19時30分、南海電鉄本線（複線、自動閉塞式）樽井～尾崎間の警報機付第3種踏切で、和歌山市行下り急行電車（編成5両）が、エンストで立ち往生していた大形トラックと衝突し、電車は炎上したトラックを抱き込んだまま脱線走行して、男里川鉄橋より3両が転落し、5人が死亡、186人が負傷した。

トラックは立ち往生して間もなく警報機が鳴りだし、防護のいとまのなかったのが不運であった。そのため、踏切のこの種の事故の対策が課題となり、踏切支障報知装置の整備が推進された。

(11) 新宿駅構内の信号冒進による貨物列車衝突事故

1967年（昭和42年）8月8日1時45分、新宿駅構内の渡り線を横断中の下り第2471貨物列車（機関車EF15形式、ジェット燃料積載タンク車18両、換算90両）に、中央快速上り線を進行してきた上り第2470貨物列車（機関車EF15形式、石灰石積載ホッパー車20両、換算100両）が場内信号機の停止現示を冒進して下り列車の側面に衝突し、上り列車の機関車とタンク車が脱線転覆し、炎上した。

原因は、上り貨物列車の機関士が場内信号機の停止現示のATS警報により、確認扱いをしながらブレーキ操作がおくれたためであった。ホッパー車の積載時のブレーキ率が低くてブレーキ距離の長かったのも一因であった。

確認扱い後も注意力を継続するためのATS改良のきっかけになった。

(12) 南海電気鉄道線の信号冒進による電車衝突事故

1968年（昭和43年）1月18日17時15分、南海電鉄線（複々線、自動閉塞式）天下茶屋駅構内（高架化前）で、天下茶屋発の下り回送電車（編成2両）に、高野線の難波行上り急行電車（編成5両）が正面衝突して、回送電車の1両と急行電車の2両が脱線転覆し、239人が負傷した。

原因は上り急行電車の場内信号機の停止現示に対する冒進で、民鉄でもATSの装備が要望された。

(13) 営団地下鉄日比谷線の電車火災事故

1968年（昭和43年）1月27日12時40分、帝都高速度交通営団日比谷線（複線、自動閉塞式）六本木～神谷間で、回送中の電車（編成6両、相互乗り入れの東武鉄道2000形、昭和41年製）の床下から出火し、車掌からの通報により急停車して消火に努めたが、1両が全焼、2両が半焼した。

同電車は中目黒発北春日部行で運行中、抵抗器付近に異常があるとして、六本木駅で乗客を降ろして回送中であった。地下鉄電車は創業時より衝突と火災を絶対的に防止できる構造としていたが、火災事故は初めてであった。同電車の構造は、運輸省制定の車両難燃度のA－A基準に合格していた。本事故に鑑み、車両難燃度の基準の見直しが行われた。

(14) 東海道線膳所駅構内の分岐器過速による列車衝突事故

1968年（昭和43年）6月27日0時24分、東海道線（複線、自動閉塞式）膳所駅構内で、下り第2077貨物列車（機関車EF15形式、貨車41両、換算95両）が退避線に進入する分岐器付近で機関車と続く貨車30両が脱線（うち3両が転覆、6両が横転）し、上下本線を支障した。脱線した貨車3両は築堤下に転落して、京阪電鉄の線路も支障した。そこへ50km/hで惰行運転してきた上り第3577貨物列車（機関車EF15形式、貨車46両、換算105両）の電気運転士が電車線の火花を認め、非常ブレーキを扱ったが及ばず、脱線していた貨車と衝突し、機関車と貨車1両が脱線した。

原因は第2077貨物列車の機関車乗務員の仮眠で、分岐器の分岐側の制限速度を超過していたため。分岐器速度制限警報装置の整備の促進が要望された。

(15) 中央線御茶の水駅の信号冒進による電車追突事故

1968年（昭和43年）7月16日22時38分、中央線（複線、自動閉塞式）御茶の水駅に停車中の下り第3339F電車（103系、編成10両）に後続の第2201F電車（103系、編成10両）が追突して、両電車のそれぞれ1両が破損し、210人が負傷した。

原因は、後続電車の運転士が閉塞信号機の注意現示に対して規程速度の45km/hを超えて進入し、場内信号機の停止現示に対して急曲線で見通しの良くないこともあって、ブレーキ操作がおくれたためであった。

(16) 京成電鉄線の閉塞扱いミスによる電車追突事故

1969年（昭和44年）7月27日14時45分、京成電鉄本線（複線、自動閉塞式）大神宮下～京成船橋間で、閉塞信号待ちで停車していた上野行上り快速電車（編成4両）に後続の上野行上り急行電車（編成4両）が追突し、両電車が破損、191人が負傷した。

原因は、京成船橋駅の上り場内信号機が故障のため、大神宮下駅に連絡して同

東武鉄道の踏切事故（1969年12月9日）

区間の通信閉塞式を始めたが、同区間に停車していた快速電車の到着を確認しなかったため。後続の急行電車は同区間が閉塞されているものとATS装置を切って発車していた。通信閉塞式にはこの種の事故の恐れのあることを教えた。

(17) 東武鉄道線の踏切事故

1969 年（昭和 44 年）12 月 9 日 8 時 15 分、東武鉄道伊勢崎線（複線、自動閉塞式）館林駅近くの警報機付第 3 種踏切で、浅草行上り準急電車（編成 6 両）が大形クレーン車と衝突して脱線転覆し、7 人が死亡、142 人が負傷した。

踏切は、線路に対する見通しが良く、警報機も鳴動していたのにクレーン車が無理に通行しようとしたためであった。この種の踏切の自動遮断機の整備と、自動車の交通ルールの順守が要望された。

(18) 東武鉄道線の踏切事故

1970 年（昭和 45 年）10 月 9 日 20 時 17 分、東武鉄道伊勢崎線（複線、自動閉塞

式）花崎駅東側の警報機付第3種踏切で、伊勢崎行下り準急電車（編成6両）が大形ダンプカーと衝突し、電車4両が脱線転覆し、5人が死亡、237人が負傷した。

原因はダンプカーの無法通行で、前年に続いて同じ線区の近い踏切での大事故であった。踏切についての繰り上げ整備が要望された。

(19) 東北線の仮眠による列車追突事故

1971年（昭和46年）2月11日2時52分、東北線（複線、自動閉塞式）野崎～西那須野間で、下り仙台・会津若松行第1103急行旅客列車（機関車EF58形式、客車13両、換算45両）が6‰の勾配区間で後進して、約25km/hの速度で停車していた後続の下り第1167貨物列車（機関車EF15形式、貨車41両、換算101両）と衝突し、急行列車の最後位の郵便車と貨物列車の機関車、貨車4両が脱線、40人が負傷した。

原因は、急行列車が惰行運転中に電気機関車乗務員が仮眠（風邪薬服用も一因）して、上り勾配で自然停車しそのまま後進したもので、未だかつてない事故であった。本事故の場合には、後方防護の責任のある列車乗務員も列車の異状な後進に気づかなかった点も問題とされた。

(20) 富士急行線のトラック衝突による電車脱線事故

1971年（昭和46年）3月4日8時20分、富士急行線（単線、自動閉塞式）暮地～三ツ峠間の踏切で、大月行上り急行電車（編成2両）の側面にトラックが衝突し、電車の床下の空気ブレーキ装置を破損し、ブレーキが効かないまま30‰下り勾配を約4km暴走して、曲線で脱線転覆し（推定速度70km/h）、14人が死亡、72人が負傷した。

空気ブレーキ装置は破損によりフェールセーフの機構としているのに、この種の事故でブレーキが効かなくなるのは珍しい。本事故に鑑み、空気ブレーキ装置機構の見直しと改善が行われた。

(21) 近畿日本鉄道線の特急電車衝突事故

1971年（昭和46年）10月25日16時頃、近鉄大阪線（複線、一部単線、自動閉塞式）榊原温泉東口～東青山間の鈴谷トンネル内で、名古屋行下り特急電車（編成4両）と、難波・京都行上り特急電車が正面衝突し、両電車が脱線転覆大破ま

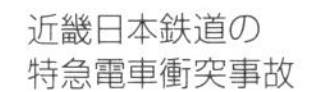
近畿日本鉄道の
特急電車衝突事故

たは破損し、25人が死亡、218人が負傷した。トンネル内の多くの車両の転覆のため、死傷者の救出と復旧に長時間を要した。

原因は、下り特急電車が東青山駅の手前約3kmの地点で、ATSの誤動作により非常ブレーキがかかって停車し、ブレーキが緩解できないため各車の空気ブレーキ装置の供給コックを閉鎖してブレーキを解放した。次いで、そのまま発車して33‰下り勾配をブレーキが効かないまま約100km/hで暴走し、東青山駅の出発信号機の停止現示を冒進、垣内東信号場の安全側線に進入して車止めを突破し、脱線状態のまま本線を暴走して、トンネル内で上り特急電車と衝突した。

下り特急電車運転士のATS故障時の処置誤りで、ブレーキ装置の基本知識を欠いたためとされた。

(22) 東海道線岐阜駅構内の入替え貨車との列車衝突事故

1971年（昭和46年）12月1日19時50分頃、東海道線（複線、自動閉塞式）岐阜駅構内に停車中の美濃白鳥行下り第343D旅客列車（編成11両）に、入替え中の貨車36両が衝突して、ディーゼル動車8両が破損し、227人が負傷した。

原因は、入替え押し込み中の入替え機関車と操車掛との不正確な連絡と入替え機関車の機関士のブレーキ制御のおくれとされた。

(23) 総武線船橋駅の信号冒進による電車追突事故

1972年（昭和47年）3月28日7時21分頃、総武線（複々線、自動閉塞式）船橋駅に停車中の下り第613C電車（103系、編成10両）に後続の第711C電車（103系、編成10両）が追突し、電車2両が脱線、758人が負傷した。ラッシュ時間帯で乗客数が多く、被害人数としては最多の事故となった。

原因は、後続電車の運転士が信号高圧線の停電による警報ベルに気を奪われ、場内信号機の停止現示を確認しないまま進行し、前方の先行電車を見て非常ブレーキを扱ったが間に合わなかった。

(24) 北陸線北陸トンネル内の列車火災事故

1972年（昭和47年）11月6日1時13分、北陸線（複線、自動閉塞式）敦賀駅を2分おくれて発車した大阪発青森行下り第501急行旅客列車“きたぐに”（機関車EF70形式、客車15両、換算53両）が、延長13.9kmの北陸トンネル（連続上り

北陸線北陸トンネル内の列車火災事故

勾配12‰）の敦賀側から5.3kmの地点を約60km/hで力行運転中、前から11両目の食堂車で火災が発生している旨の乗客からの知らせで、車掌は食堂車に赴き消火が容易でないことを認め、無線機により電気機関車の乗務員に急報して緊急停車した。乗務員と共同して消火器で消そうとしたが火は広がるばかりであった。そのため、火災車両と12両目以下の車両を切り離して約60mの間隔をあけ、次いで10両目車両と火災車両とを切り離して脱出運転しようと努めている間に、火災のため架線が停電して起動が不能になり、排煙ガスのため30人が死亡、714人が負傷した。列車はほぼ満席の状態で被害を大きくした。

列車火災の原因は、食堂車の喫煙室の電気暖房器の電気ショートによる過熱と推定されたが、食堂車が全焼し、発火場所を見ている証人もいないため確証できなかった。

この種の車両火災は非常に稀であるのに、発生が深夜で電化線区の長大トンネル内とは、悪魔のいたずらといわざるを得ない事故であった。

被害を減らすための列車脱出の決断と手配がおそかった等として、機関車及び列車乗務員が起訴され、8年余にわたる59回の公判の結果、乗務員はトンネル内の悪条件の中で最善を尽くしたとして無罪が判決された。

我が国の鉄道史上で最悪の列車火災事故であったため、徹底した研究調査と抜本的な対策が推進された（9-6参照）。

(25) 東海道線の競合による貨物列車脱線事故

1973年（昭和48年）1月27日9時18分、東海道線（3複線、自動閉塞式）鶴見～横浜間で、下り第8361貨物列車（機関車EF65形式、貨車50両、換算112両）が、約60km/hで力行運転中に、後部からのブレーキ作用を電気機関車の機関士が感知してただちに非常ブレーキをとるとともに、緊急防護装置を扱って列車防護の手配をした。停車して調べてみると、前から13両目の貨車が旅客上り線に脱線転覆、14両目貨車が脱線横転、7・12・15・19両目貨車のいずれも前車輪が脱線していた。

10年前に起きた鶴見事故（P114参照）の場所に近い区間での競合脱線事故であった。隣接線に上下に4本の列車が運転していたが、脱線貨車の支障していた旅客上り線には第610旅客列車が現場の手前の数百mに近づいており、列車の機関士が閉塞信号機の注意現示により減速し、前方の支障貨車を認めて非常ブレー

関西線平野駅構内の
電車脱線転覆事故

キを扱い、現場の手前約190mの地点で停車して事なきを得た。その他の列車はすべて防護手配により停車して併発事故を防止することができた。

競合脱線対策がすべて完了してからの事故のため、再度の見直しが要求されたが、貨物列車の激減と2軸貨車の減少とともに、その後は競合脱線事故は少なくなった。

(26) 関西線平野駅構内の分岐器過速による電車脱線事故

1973年（昭和48年）12月26日8時12分、関西線（複線、自動閉塞式）平野駅に停車予定の下り第72K電車（113系、編成6両）が、中線進入の分岐器制限速度の35km/hを超過（推定70km/h）して、先頭車が脱線横転、5両が脱線し、3人が死亡、156人が負傷した。

原因は、下り電車の運転士が場内信号機の注意現示（45km/h）に対して、減速制御がおくれたため。

(27) 鹿児島線の過速による特急電車脱線事故

1974年（昭和49年）4月21日13時50分、鹿児島線（複線、一部単線、自動閉塞式）西鹿児島（現在の鹿児島中央）～上伊集院間で、上り第2034M特急電車（583系、編成12両）が半径300mの曲線で、制限速度の65km/hを大きく超過（推定95km/h）して運転したため、1・2両目電車の最前位車輪が脱線して、78人が負傷した。

原因は、特急電車の運転士の速度制御のミスであるが、始発駅の西鹿児島駅を発車して間もないこの種の事故は希有のものであった。当時の労使の不毛の対立による職場環境の荒廃が背後にあったのかもしれない。

(28) 東北線の貨物列車の競合脱線による列車衝突事故

1974年（昭和49年）9月24日19時27分、東北線（複線、自動閉塞式）古河～野木間で、下り第3173貨物列車（機関車EF65形式、貨車30両、換算66両）が70km/hで惰行運転中、23両目のワム貨車（空びん積載）が進行右側に脱線して、22両目貨車と約300m分離して上り線を支障した。一方、上野行上り第1112M急行電車（451系12両編成）が45km/hで惰行運転で進行中、前方の上り線を支障している貨車を認めて、急停車したが及ばず衝突し、先頭電車が全軸脱線して進行左側に約45度傾斜し、続く2・3両目の前台車が脱線して停車し、52人が負傷した。

原因は2軸貨車の競合脱線であった。

9-3 近代化後期の保安

本期間で画期的なのが、東海道新幹線の開業であった。東海道新幹線の建設は東海道線の輸送力対策を目的としたが、世界の鉄道の歴史で初めて200km/hの大台を超した高規格の鉄道として、保安の面でも事故皆無を目指した理想的な鉄道が日本国民の叡智と努力によって実現した（9-4参照）。

前期に続いて在来線についても、自動車の普及や航空の発展にも対抗して、鉄道の増強近代化が保安対策の充実とともに推進された。

近代化前期を上回って、東京・大阪・名古屋以外の地方都市でも地下鉄の建設が積極的に進められ、地下鉄は大都市機能にとって欠くことのできない近代的交通機関としての地位を確立した。新しい地下鉄は、高性能電車とともにATC及びATO（自動列車運転装置）の採用、火災対策の万全が特に考慮された。

前期の三河島事故対策のATSの整備が1966年（昭和41年）に完了して、信号冒進事故が大幅に減少したが、ATS装置に関連する事故があい次いだため、これらの教訓に基づいた所要の改良が推進された（9-5参照）。

民鉄でも信号冒進事故の発生もあって、ATSの採用が普及し始めた。

1951年（昭和26年）に改訂された『運転取扱心得』は、その後の施設・車両の近代化の推進と、数々の事故の教訓をもとに、規程構成の簡潔化を図って1964年（昭和39年）に新たに『運転取扱基準規程』として制定された。

本規程は新しい施設、車両に対応した内容が加えられ、従来の代用閉塞方式の通信式、指導通信式、隔時法などが廃止された。

この時期の後半には国鉄の労使間のトラブルのため職場環境が荒廃したが、保安設備の整備の進捗もあって、運転事故は漸減し、代表的な列車事故は1964年（昭和39年）の列車10^6km当たり0.17件が、1974年（昭和49年）には0.10件に減少した。しかし1972年（昭和47年）には北陸トンネル内で希有とされる列車火災事故が発生し、総合的な抜本的対策が推進された（9-6参照）。

9-4 保安対策万全の新幹線の誕生

1964年（昭和39年）開業の東海道新幹線は、在来方式の複々線による増強に代えて、標準軌の高規格別線で建設され、200km/hを越す超高速運転を採用するに当たり、今までの事故などの教訓をもとに保安については可能な限りの対策を講じた。

その主なものを記す。

① 列車の追突事故を絶滅するためにもATCと車内信号を採用した。在来のATSは速度制御の誤りを防ぐための補助的なものであったが、新幹線に採用された

東海道新幹線の誕生

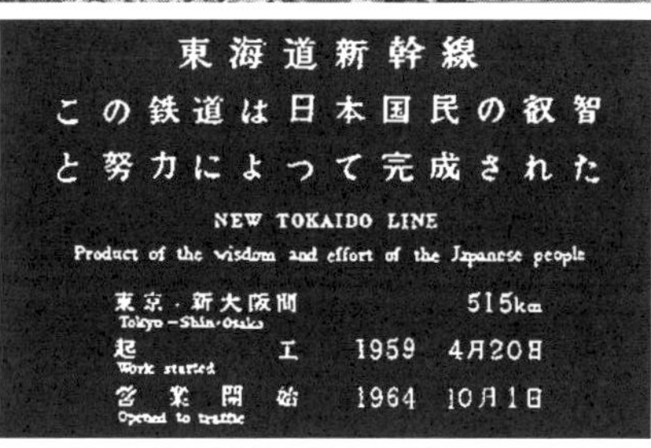

ATCは速度制御はすべてATCが行い、列車運転扱いの誤りをなくした。また機器は2重系として故障の絶滅を期した。

②踏切を一切無くし、外部からの侵入を防止するため線路の沿線に線路立入防護柵を設置し、自動車の転落の恐れのある横断橋や並行道路には転落防止柵を設けた。

③ 信号・分岐器の操作は中央指令室よりのCTC（列車集中制御装置）により、誤り扱いを皆無とした。

④ 施設（線路構造・分岐器・架線など）・車両の設計については、開業前に綾瀬～小田原間約30kmのモデル線を建設して試作車両による長期テストを行って、故障を極力なくした標準設計を確立した。

⑤車輪の脱線を絶滅するため、タイヤコンタのフランジ角度（在来に対して60

→70度）とフランジ高さ（26→30mm）を安全側になるよう決めた（P59図面参照）。

⑥車軸を高周波焼き入れして強度を高め、定期検査時の探傷検査の深度化を図った。

⑦連絡を密にするために中央指令室と列車間で通話できる列車無線が装備された。列車無線は災害時や故障時などの連絡にも便利で、間接的な保安の向上に役立った。

⑧線路の支障などで、緊急に列車を停止させる場合の防護設備（地上側と車上側）をより高度のものとした。

⑨強風・豪雨・地震などの自然災害に対しても万全を期し、強風・豪雨の場合は運転規制とし、地震の場合も一定の震度を越えると、自動的に変電所からの送電を遮断する仕組みとしている。

9-5 ATSの改良とATCの採用

国鉄のATSの整備は1966年（昭和41年）に完了したが、当時では規模と範囲が世界の鉄道では前例のないものであった。このATSの整備によって、信号冒進事故は大幅に減ったが（昭和42年で約4分の1）、ATS装置に関連する事故があい次いだため、急遽改良が図られた。

その最初の重大事故が、1967年（昭和42年）8月8日の新宿駅構内の貨物列車衝突事故（P129参照）であった。機関士が場内信号機の停止現示によるATS警報により確認ボタンを押し、ブレーキを操作して速度を10km/h以下に落としていたが、場内信号機を過走してしまったのである。その対策として採られたのが、場内信号機の直下への直下地上子の追加設置であった。

次いで1968年（昭和43年）2月15日、東海道線米原駅構内で、発車直後の下り電車が、別線から進行してきた下り貨物列車に、下り線合流分岐器上で衝突する事故が起こった。両列車ともいち早く気がついて非常ブレーキを扱い、衝突時の相対速度が低くて事故の被害が軽かったため、社会的にあまり問題にならなかったが、ATSを装備しながらの列車衝突事故としては重大であった。原因は、電車運転士が電車の折り返しの出発時に、ATS装置の電源入れを忘れた上に、駅側も出発信号機の進行現示を確認しないで出発の合図を行い、また運転士も出発信号機を確認しないで発車してしまったのである。

従ってこの種のミスもあり得るとして、運転台の制御ハンドルを一定ノッチ以上進めた時に、ATSの電源が入っていないときは警報ベルが鳴る『電源未投入防止装置』を追加することとした。

次いで、待避線等に進入する列車が駅構内の分岐器の低い制限速度を超過して脱線転覆する事故があいついだ。この対策として採られたのが、分岐器の手前に列車の速度を照合する装置を設けて場内信号機と連動させ、信号機の進行現示で列車が規程の速度以上で通過するとATSが作動するもので、『分岐器速度制限警報装置』として、主要線区に整備することとした。

同様にATSの『確認扱い』後に、速度制御のおくれで列車衝突などの事故が続き、『確認扱い』後に潜む危険性も問題となった。すなわち『確認扱い』をするとATS装置の赤ランプも警報ブザーも消えて、その後は運転士の注意力に依存するのみで、またATSの地上子はブレーキ距離の最も長い貨物列車を対象として信号機のはるか前方に設置されているため、『確認扱い』後の停車を要する地点までの走行時間が長過ぎることも、この種の事故と関連があるとされた。

また、ATSに慣れて『確認扱い』が機械的な動作になってくると、ATSの警報を軽く考えることもあり得るとされた。従って『確認扱い』後も、引き続き運転士に注意力を持続させるための一つの手段として採用されたのが、確認ボタンを押した後も、鳴り続ける警報持続装置で音色は軽妙（チャイム）なものとした。

ATSが乗務員の減速制御に対する補助手段として採用されたのに対して、国鉄が東海道新幹線で最初に導入したATC（民鉄では昭和36年に営団地下鉄日比谷線に採用）は減速制御を機器が行い、かつ車内信号としている点で本質的な相違があった。

国鉄の在来線のATCは、営団地下鉄千代田線と相互乗り入れしている常磐線の区間や、地下トンネルで開通した総武線東京～両国間、次いで山手線にも採用して保安度を向上させた。

9-6 列車火災事故対策

1972年（昭和47年）の北陸トンネル内の列車火災事故は非常に希有なものであったが、小火災に類する事故は年間数件発生が続いていたため、国鉄では総力を挙げて総合的な車両火災対策が研究された。

すなわち、火災燃焼の仕組みの基本から検討され、熱エネルギー源を少なくする予防策、燃焼が進まないようにする抑制策、その被害を最小限とするための防護策等が研究された。木材1kgが燃焼するに必要な空気量を約4.8㎥とすると、標準形（車長20m）の旅客車室内の約100㎥の空気では、約20kgの木材が燃焼するに過ぎず、窓・扉・通風器等の遮断が延焼防止の抑制策として極めて有効であることが確かめられた。

一連の本研究で特筆すべきは、現車による火災テストを、停車中とともに走行中も実施して、火災時の燃焼進行の状況を調査したことであった。なお、走行中の火災テストには宮古線の猿峠トンネル内も加えて行われた。

停止状態でのナハ形客車の腰掛着火では、約2分で火災が天井に達し、約10分で室内全体に炎が充満し、最高1200℃に達して約30分で燃え落ちた。

これらのテストから、車両の難燃化、不燃化の一層の必要が確認された。

今回の一連の対策研究と今までの列車火災事故の教訓より採られた主な対策は、次の通りであった。

① 熱エネルギー源となる可能性のある、ブレーキ不緩解の防止、ブレーキ装置の過熱の防止、電気動力車の主抵抗器の容量増大、ディーゼル機関の過熱対策、電気暖房器の改良等を推進する。

② 旅客車の難燃化、不燃化を極力進める。

③ 旅客車で、火災時の隣車への延焼防止に効果的な貫通戸には、網入ガラスの採用及び連結間幌の難燃化を緊急に実施する。

④旅客車の非常用消火器を増備し、寝台車では非常用の携帯電灯を装備する。

⑤ 長大トンネルの列車火災対策として、照明設備を強化し、非常用の消火器を整備する。

⑥旅客車の火災時には、窓・扉を閉鎖して換気を遮断することが、燃焼の拡大を防ぐのに有効である。

⑦ 走行中の列車火災時の取扱いとして、列車は速やかに停車させるが、停車位置は避難の難かしいトンネル内、橋梁上等は避けること。

なお、一連の対策が施された旅客車で、通風器・貫通戸・窓が閉められていれば、火災列車はトンネル外へ脱出可能と推定された。

10 国鉄最終期

(1975～86年)

1975年（昭和50年）に山陽新幹線岡山～博多間が開業し、東海道新幹線とともに同年のゴールデンウィークには最高の利用を記録した。

しかし、国鉄は収支の悪化のために運賃値上げを毎年行い、加えて労使の対立により労働争議が頻発して利用者の信頼を失った。

この期間に何度か財政再建計画策がたてられたが、繰り越された長期債務の利子負担が大きく、また東北・上越新幹線、大都市近郊区間の複々線化などの先行投資の負担、鉄道の使命を終えながら赤字負担の甚大な閑散ローカル線の放置、合理化の進まない貨物輸送の不採算の進行などのため、財政再建が不可能となった。

そのため、政府は抜本策をつくるべく83年に国鉄監理委員会を設けて検討の結果、長年の国営をやめ政治的制約を排除して自主努力による民営化の方針とすることとし、経営を適正規模とするため旅客輸送は地域単位に分割の案を答申し、86年の国会での議決を経て、1987年（昭和62年）に分割民営化された。

この間に、国鉄輸送で大きな改革を遂げたのが貨物輸送であった。すなわち、物流の変革に対応できない在来のヤード中継方式をやめて、採算性の有利なコンテナと物資別貨車による直行列車方式とすることとして、1984年（昭和59年）2月の列車ダイヤ改正で転換した。貨車ヤードを廃止したことは内外の鉄道の歴史を通じてまさに前例のない改革であった。87年の分割民営化に際しては、旅客会社の保有する線路を使って、これらの貨物列車を全国一円で運営する日本貨物鉄道会社に引き継がれた。

その結果、国鉄時代の最盛期には約20万両の貨車により年間約2億トンを運んでいたが、約3万両による約5千万トンになった。

長年懸案とされてきた閑散ローカル線については、81年の国鉄再建法施行時に公的補助金の支払いを前提に、特定地方交通線として利用の特に少ない83線区の存続が沿線の地方の判断に委ねられることになり、廃止または第三セクター鉄道への移管が進められた。

82年には東北・上越新幹線が大宮発で開業し、84年に上野始発に延長された。

国鉄の分割民営化の方向が決まりつつあったころから、職員の意識も急速に変わって経営の改善に積極的に協力し、長年にわたる近代化投資も貢献し、貨物輸送の改革とあいまって、分割民営化に際しては大幅な人員削減の合理化が遂行された。

かつては長距離区間の旅客は夜行列車の利用が多く、寝台特急列車は1972年ごろの最盛期には38往復が設定されていた。しかし、本期間にはB寝台の2段化、ロビーカーの連結などの改善が行われたものの、新幹線の開業、航空機や高速バスへの転移が進み、国鉄最後の1986年には寝台利用が最盛期の30%を割って夜行列車が激減した。

10-1 海外の重大事故

(1) ロンドン地下鉄のミステリーな電車暴走事故

1975年（昭和50年）2月28日8時50分、ロンドン市地下鉄クーザン線のモーアゲート支線（複線、自動閉塞式、ATS装備）の終点モーアゲート駅に到着の電車（編成6両）が、駅手前のシーサスクロッシングを正常運転の25km/hの惰行速度で通過、その後力行運転のまま駅に進入、停車しないでそのまま進行して車止めを突破し、トンネルの内壁に衝突して、電車が大破し、42人が死亡、88人が負傷した。事故後の調査では、電車のブレーキ装置等には異常が認められず、衝突で死亡した運転士の運転台での態度を目撃した駅関係者の証言でも特に異常がなく、本事故の暴走の原因は結局謎のままとされた。

(2) 韓国の信号冒進による列車追突事故

1977年（昭和52年）7月11日、韓国国鉄京釜線（複線、自動閉塞式）芝灘駅

で、停車中の下り旅客列車（ディーゼル機関車牽引、客車10両）に、後続の釜山行下り特急旅客列車（ディーゼル機関車牽引、客車12両）が追突し、機関車、客車3両が脱線転覆、18人が死亡、130人が負傷した。

原因は、特急列車の機関車乗務員の場内信号機の見誤りとされた。

(3) インドの信号冒進による列車追突事故

1977年（昭和52年）10月10日、インド国鉄ニューデリー～カルカッタ間（複線、自動閉塞式）のアラハバード付近（インド北中部）で、閉塞信号機の停止現示で停車中の貨物列車に、ニューデリー行旅客列車が追突し、61人が死亡、150人が負傷した。

原因は、旅客列車の機関車乗務員の信号冒進。

(4) イタリアの土砂乗り上げによる列車衝突事故

1978年（昭和53年）4月15日、イタリア国鉄の南北幹線（複線、自動閉塞式）ボローニャ～フィレンツェ間で、折りからの豪雨での山崩れによる土砂に乗り上げて隣線を支障していた下り急行列車の電気機関車に、ローマ行上り特急旅客列車が衝突し、機関車と客車1両が脱線転覆し、50人が死亡、120人が負傷した。

(5) サンフランシスコ地下鉄の列車火災事故

1979年（昭和54年）1月17日18時頃、サンフランシスコの湾域高速鉄道BART線（軌間1676mm、複線、第三軌条、DC1000V、ATO装備、CTC）オークランド・ベイ・ブリッジ下の海底トンネル内で列車火災が発生し、7両編成電車（オールM＝全車両電動車、軽合金車体）のうちの5両が全焼、救援活動に赴いた消防士1人が死亡、56人が負傷した。火災事故の原因は、電車の床下機器カバーの脱落・落下による第三軌条との電気ショート回路の構成によるものであった。

西側終点のディリー・シティ行第117電車がウエスト・オークランド駅を発車して、自動的に非常ブレーキがかかって停車したところ、第5・6両目の床を貫いて火の手が上がった。火炎は車内の内装材に燃え移って、黒煙とともに毒性のあるガスが出て、乗務員の中央列車司令室への連絡ができず、また緊急排気用ダクトの解放位置が適正を欠いていた。その後、乗務員の連絡で排気用ダクトを所要位置に開いて排煙が流れるようになり、次いで対向線に救援列車を運転して乗客を収容救出した。

1972年に開業したBART線は、自動車からの転移を誘うため、高速性能（この種の鉄道では世界最速で、平均駅間距離3.5km、表定速度55km/h）と優れた車内設備としたため、構成材料などの火災対策の考慮が不十分であったとされる。本事故の原因は、極めて稀なものであったが、既製車はできるだけ改良し、増備の新製車は抜本的に設計変更され、編成前後部に非常貫通扉が追加された。

(6) ユーゴスラビアの信号冒進による列車追突事故

1979年（昭和54年）9月13日1時35分、首都のベオグラード南方のナタクク駅に停車中の急行旅客列車に、後続の貨物列車が追突して61人が死亡、100人が負傷した。

原因は、貨物列車の機関車乗務員の仮眠により場内信号機の停止現示を冒進したためで、この種の信号冒進事故は古今洋の東西を問わず起きている。

(7) ソ連の橋梁移動による列車脱線転落事故

1983年（昭和58年）6月5日、南部のボルゴグラード近くのボルガ河の鉄橋に客船が誤って衝突して、橋梁を移動させてしまった。折りから進行してきた旅客列車の機関車乗務員が、前方の異状を認めて非常ブレーキを扱ったが間に合わず、機関車と客車4両がボルガ河に脱線転落して、240～400人が死亡した。

(8) アメリカの信号冒進による列車衝突事故

1984年（昭和59年）7月23日10時45分頃、ニューヨーク市のアムトラック高架線で、ボストン発ニューヨーク行電車（5両編成）とワシントン発ボストン行電車（7両編成）が正面衝突し、1人が死亡、112人が負傷した。

原因は、工事で単線になっているのをボストン行電車が信号冒進したため。遠方より相手列車を認めて非常ブレーキを扱い、衝突速度が低かったのは幸いであった。

(9) エチオピアの過速による列車脱線転落事故

1985年（昭和60年）1月13日夜、エチオピア国鉄線（単線、軌間1000mm）の首都アジスアベバから東へ約200kmにあるアワシュ近くの鉄橋上の曲線で、アジスアベバ行急行列車（ディーゼル機関車牽引、客車7両）が速度制御を失して制限速度を超過し、超満員の客車5両が脱線転落し、418人が死亡、559人が負傷した。

(10) フランスの閉塞扱いミスによる列車衝突事故

1985年（昭和60年）8月3日16時頃、ボルドーから東南約150kmの単線区間で、パリ発ヤブデナク行急行旅客列車（編成5両）とローカル旅客列車とが正面衝突して、35人が死亡、180人が負傷した。

原因は、急行列車が15分おくれて運行し、駅の運転掛の取扱いミスとされている。本線区の閉塞方式は、我が国では戦前に廃止されていた通信式が続けられていた。この種の閉塞方式は人の扱いに誤りの有り得る危険が指摘されていながら、先進国の鉄道でも重大事故を起こさない限り廃止できなかった一例であろう。

(11) フランスの列車脱線衝突事故

1985年（昭和60年）8月31日フランス中部のアルジャントンシュールクルーズ近くの複線区間で、旅客列車（電気機関車牽引、客車14両）の5両が脱線して隣線を支障し、そこへ対向の貨物列車が衝突して、43人が死亡、85人が負傷した。

現場は線路補修中で30km/hの徐行速度としていたが、旅客列車は約90km/hで突っ込んだため。

(12) メキシコシティー地下鉄の電車火災事故

1985年（昭和60年）10月27日14時頃、メキシコシティ地下鉄（ゴムタイヤ式、直流750V、7路線）2号線スカロ～ビノスアレス間を走行中の電車（編成9両）が突然火を吹き、電車はATCにより停車した。電車は全焼し、多数の乗客は煙の充満した暗いトンネルを脱出避難したが、一酸化炭素中毒や火傷のため、132人が入院、約600人が負傷した。電車が全焼火災したためか原因などは不明。

同じフランスの技術を導入したモントリオール市の地下鉄で1971年に電車の火災事故(P123参照)があったが、火災防止対策が採られていなかったのであろうか。

(13) タイでディーゼル機関車が暴走

1986年（昭和61年）11月8日8時頃、首都バンコクの国鉄中央駅から10km離れた操車場で、6両のディーゼル機関車を連結して修理中、突然に暴走を始め、踏切でタクシーとオートバイを撥ね、終端の中央駅に突っ込んで4両がホームに乗り上げて横転し、6人が死亡、4人が負傷した。ミステリーな事故。

10-2 国鉄最終期の重大事故

(1) 信越線67‰勾配区間の過速による電気機関車脱線転落事故

信越線横川～軽井沢間での電気機関車脱線転落事故

1975年（昭和50年）10月28日6時20分頃、信越線（複線、自動閉塞式）横川～軽井沢間の67‰勾配区間を、横川へ回送の上り（勾配に対して下り）単第5462電気機関車（EF62形式2両、EF63形式2両）が、ブレーキ制御を失して速度を超過（推定120km/h）し、半径350mの曲線で脱線して築堤下に転落大破し、乗務員3人が負傷した。

原因は、軽井沢駅発車時の電気機関車の保安装置の操作誤りと、ブレーキ扱いのおくれであった。同区間の67‰の勾配は、ブレーキの効かない場合は、50秒で100km/h近くに加速するため、長年のアプト式運転から1963年（昭和38年）の粘着運転移行時には、保安対策には専用機関車に最善を払って、この種の事故の絶対ないように努めてきた。本事故に鑑み、保安対策が再度見直され、乗務員の教育も徹底された。本事故が旅客列車でなかったのが幸いと言えよう。本区間は開業以来、104年にわたって保安上から要注箇所とされてきたが、1997年（平成9年）の長野新幹線の開業で廃線になった。

(2) 函館線の過速による貨物列車脱線転覆事故

1976年（昭和51年）10月2日4時30分頃、函館線（単線、自動閉塞式）駒ヶ岳～姫川信号場間で、下り第4781貨物列車（機関車DD51形式、貨車41両、換算93両）が下り20‰勾配の300m曲線で、機関車と最後部の車掌車を除く貨車40両が曲線外方に脱線転覆して乗務員2人が負傷した。脱線の状況は、最初12～40両目の貨車が脱線、次いで約200m離れて前の11両が脱線した。

脱線の原因は、ディーゼル機関車乗務員の仮眠で、主幹制御器ハンドルを力行ノッチ位置にしたまま下り勾配で速度超過（推定115km/h）したため。脱線車両数としては、我が国の鉄道保安史上最多の記録であった。

この種の事故防止のため、EB装置（デッドマン防護装置）が取り付けられているが、本事故の場合は作用しなかったのであろうか。

EB装置は主幹制御器・ブレーキハンドル・笛装置・撒砂装置などのいずれかの機器を、60秒以上引き続いて扱わないときは警報が鳴り、5秒以内に前記の各機器を扱えば警報が止むが、さもないと非常ブレーキがかかる。

(3) 上越線の落石による電車脱線事故

1977年（昭和52年）3月8日20時30分、上越線（複線、自動閉塞式）津久井

～岩本間を約70km/hで惰行運転中の新潟行下り第705急行電車（165系、編成12両）が崖から落下した巨岩に衝突して、先頭車が6m下の国道に脱線転落、3両が脱線転覆して、1人が死亡、111人が負傷した。

防災設備の点検見直しが要望された。

(4) 営団地下鉄東西線の突風による電車脱線事故

1978年（昭和53年）2月28日21時34分、帝都高速度交通営団東西線（複線、自動閉塞式）葛西～南砂町間の荒川鉄橋（延長1236m）を約90km/hで走行中の下り電車（5000系、編成10両）が、突然の強風のため後部3両が脱線し、うち最後部の2両が上り線に横転、23人が負傷した。電車の脱線横転時に、鉄橋の鉄桁を破損したため、修理復旧に長日数を要して、間接的な被害が大きかった。

原因は、列車が高速で、最後部車が軽く（自重26t)、強い突風との相互作用によるものとされた。同鉄橋は比較的風が強いため、風速検知装置を設けて、風速に応じた運転規制（20～30m/secで警戒、30m/sec以上で運転停止）としていたが、事故時の風速は規定以下で平常運転としていた。

営団地下鉄東西線の突風による電車脱線事故

上部桁のない構造の橋梁の上り線で、電車が荒川に転落していたら多くの犠牲者を出した大事故になっていたであろう。

(5) 信越線篠の井駅構内の入替え貨車との列車衝突事故

1979年（昭和54年）6月2日4時31分、信越線篠の井駅構内で入替え作業中に誤って転走した貨車（7両）に、長野行下り修学旅行用電車（165系、編成8両）が衝突し、電車の先頭車1両と貨車2両が脱線転覆し、364人が負傷した。衝突時の電車の速度は約30km/h、貨車が約5km/hであった。

原因は、機関車による入替え突放時に、構内掛の待機を確認しないまま機関車に合図したためで、貨車は約800m流転して転轍器を割り出して篠の井線に進入した。

(6) 京王帝都電鉄線の踏切事故

1979年（昭和54年）10月3日11時25分、京王帝都電鉄本線（複線、自動閉塞式）の第1種踏切（自動遮断機付）で、トラックの荷台からずり落ちて線路を支障していたショベルカーに上り急行電車（6000系、編成7両）が衝突し、ショベルカーが下り線を支障したところに、下り特急電車（6000系、編成7両）が衝突し、特急電車の前部2両が脱線傾斜し、1人が死亡、52人が負傷した。ずり落ちたショベルカーにトラックの運転手が乗り込んで、線路の外に出そうと試みたが、約1分後に急行電車が接近して衝突し、続いて特急電車が近づき、防護するいとまがなかった。

同電鉄は踏切事故の多発のための対策として、踏切支障報知装置の整備を進めて約3分の1を終えていたが、事故の踏切は着工直前であった。

(7) 武蔵野線の仮眠による列車衝突事故

1979年（昭和54年）11月18日12時30分頃、武蔵野線（複線、自動閉塞式）梶ケ谷～府中本町間の生田トンネル内で、下り第4662貨物列車（電気機関車牽引）が停車後に勾配のため後進し、閉塞信号機の停止現示で停車中の後続の第5573貨物列車（電気機関車牽引）と衝突し、貨車4両が脱線転覆し、11両が脱線した。

原因は、先行貨物列車の電気機関車機関士の仮眠によるもので、長大トンネル内の退屈な運転とはいえ、昼間列車運転の仮眠は前例のない事故であった。当時の対立した労使間での職場環境の荒廃による、国鉄職員の職責低下が問題とされた。府中本町～新鶴見の同区間は貨物列車専用で、後続列車が電車でなかったのが幸いであった。

(8) 京阪電鉄線の置石による電車脱線転覆事故

1980年（昭和55年）2月20日20時59分、京阪電鉄本線（複線、自動閉塞式）枚方～御殿山間で、下り急行電車（編成7両）が脱線し、先頭車が線路際の民家に突入、2両が転覆し、104人が負傷した。

原因は、中学生5人グループのいたずらで線路にコンクリート蓋を置いたためで、起訴されて多額の補償金（実際の被害額の約10分の1）支払いの判決となった。

(9) 長崎線のレール通り狂いによる特急電車脱線事故

1981年（昭和56年）6月7日13時53分、長崎線（複線、自動閉塞式）久保田～牛津間で、長崎・佐世保行下り第2021M特急電車（485系12両編成）が90km/hで力行運転中に柳掘橋梁付近の半径800mの左曲線の左側レールが、2箇所横波状になっているのを直前に発見したので、ブレーキ手配をとり約340m走行して停車した。調べたところ、7両目以降の6両が進行右側に脱線し、11・12両目は上り線を支障していたため、ただちに防護手配をした。乗客の軽傷17人。

原因は、枕木の締結部が一部弛緩し、当日の気温の急激な上昇でレールの通り狂いが生じたため。

(10) 東海道線名古屋駅構内の機関車衝突事故

1982年（昭和57年）3月15日2時16分頃、東海道線名古屋駅構内に停車中の、紀伊勝浦行下り特急寝台列車（14系、客車6両）に連結するディーゼル機関車（DD51形式）が、停止のためのブレーキ制御がおくれて約20km/hで衝突し、客車3両が脱線中破し、乗客14人が負傷した。

原因は、ディーゼル機関車の乗務員が前夜の休憩室での仮眠時に飲酒したのが要因の一つであった。飲酒は乗務員の家庭内の不幸があったためとはいえ、当時の国鉄職場の規律の荒廃が問題になっている折りでの事故であったため、社会の非難はきびしかった。この場合は休憩室が離れていて、乗務時の点呼が電話によって行われていたため、点呼の厳正が求められた。

(11) 阪急電鉄線での信号冒進による電車衝突事故

1984年（昭和59年）5月5日11時30分、阪急電鉄神戸線（複線、自動閉塞式）六甲駅構内の上り副本線で、阪急電鉄と相互乗り入れしている山陽電鉄の上り回送電車（編成4両）が、ホームで乗客を降ろして本線に出たところ、先頭車に阪急電鉄の梅田行上り特急電車（編成8両）が衝突し、特急電車は前からの3両と

阪急電鉄六甲駅構内での
電車衝突脱線事故

山陽電車の4両が脱線傾斜し、72人が負傷した。特急電車が前方の山陽電車の本線への進入をいち早く発見して、非常ブレーキをかけて、衝突時の速度が下がっていたのが被害を少なくした。

原因は、山陽電車の運転士が、ATSの作動しない区間と思いこんでATSの電源を切り、また車掌の出発合図も聞かず、出発信号機の進行現示も確認しないで発車したためであった。山陽電車のベテラン車掌（55歳）は事故の直接の当事者でないながら、防止できなかった責任に耐えられず、事故11日後に自社の電車に飛び込み自殺した。

(12) 山陽線西明石駅構内の分岐器過速による特急列車脱線事故

1984年（昭和59年）10月19日1時48分、山陽線（複々線、自動閉塞式）西明石駅構内を通過中の東京行上り第8特急寝台列車（機関車EF65形式、客車14両、換算49両）が、後部からの非常ブレーキが作用して停止した。調査したところ、電気機関車は客車から約220m分離し、第1位の客車が下り側分岐器で脱線して駅ホームの西端に衝突大破し、最後部の電源車を除いた13両の客車が脱線し、乗客32人が負傷した。

原因は、当夜は線路保守工事のため列車線から電車線に通過変更になり、機関車乗務員が仮眠してブレーキ制御を失い、下り側分岐器の制限速度の60km/hを約100km/hで運転したためであった。乗務員が岡山での乗務の5時間前の夕食時に飲酒していたことも、事故の間接的要因とされ、飲酒による事故の絶えない国鉄職場の不規律が指弾された。なお駅ホームに激突した寝台車は、車体の右側下半分の通路部分がえぐりとられたが、旅客の就寝していた寝台は車体の左側にあったため、幸いにも直撃を免れた。

(13) 上信電鉄線の信号冒進による電車衝突事故

1984年（昭和59年）12月21日7時55分、上信電鉄線（単線、自動閉塞式）下仁田～千平間の赤津信号場の近くで、下り電車（編成2両）と上り電車（編成2両）が正面衝突して、上り電車の乗務員1人が死亡、132人が負傷した。

原因は、下り電車の運転士が仮眠し赤津信号場で停車しないで通過して、同信号場で交換予定の上り電車に衝突した。

この時期には大手私鉄に続いて地方私鉄のATSの整備が進んでいたが、上信電鉄は未整備のため促進が要望された。

(14) 能登線の盛土崩壊による列車脱線転落事故

1985年（昭和60年）7月11日14時21分、能登線（単線、通票閉塞式）古君～鵜川間で、蛸島行下り急行ディーゼル動車（28系、編成4両）が約50km/hで力行運転中、前方の進行左側の盛土（高さ約8m）が約50mにわたって崩れて、線路が浮いているのを認めて非常ブレーキを扱ったが及ばず、突っ込んで全車両が脱線し、前3両が築堤下の水田に転落横転、4両目が進行左側に傾斜して停止し、7人が死亡、32人が負傷した。

土砂崩れを起こした事故現場の盛土は粘土で、水抜きパイプもなく、両側に草を植えただけの古い土工法による構造で、盛土内の水位が異常に上昇して安定が損なわれたとされる（開業は昭和34年）。前夜より当日8時まで連続95mmの雨量を記録していたが、同線の運転規制の基準値には達せず、事故の2時間前にも上り列車が異常なく通過していた。

この種の工法の盛土の一斉点検を実施し、古い工法のものは所要の改良を加え、また運転規制の基準値の見直しを行った。

(15) 西武鉄道線の信号冒進による電車追突事故

1986年（昭和61年）3月23日12時10分頃、西武鉄道新宿線（複線、自動閉塞式）田無駅上り1番線に停車中の上り準急電車（編成8両）に、続行の上り急行電車（編成8両）が約25km/hで追突し、両電車が小破し、204人が負傷した。

当日は3月下旬としては珍しい積雪30cmの大雪で、事故時にも降り続いていた。停車中の準急電車はパンタグラフに積もった雪の重みで架線との通電状態が悪くなったため、パンタグラフの雪を取り除く作業をしようと手配中に、続行の急行電車が追突した。

急行電車の運転士の証言によると、当日は大雪のため40km/hの徐行速度で運転し、田無駅の第1場内信号機の警戒信号現示（25km/h以下とする）でブレーキを扱ったが、10‰の下り勾配もあってブレーキの効きが悪く、次いで非常ブレーキをかけたが減速がおそく準急電車に衝突してしまった。

この種の現象は雪の影響も考えられるが、再現テストで実証できなかった。

(16) 山陰線余部鉄橋での強風による列車脱線転落事故

1986年（昭和61年）12月28日13時25分頃、山陰線（単線、自動閉塞式、CTC）鎧～餘部間の余部鉄橋（延長310m、高さ41m）を約50km/hで走行中の香住発浜坂行の下り回送列車（機関車DD51形式、お座敷客車7両）が、突風のため機関車と1・2・6位客車の後位台車を残して脱線し、高さ41mを落下して直下の水産工場と民家を破壊し、6人が死亡、6人が負傷した。脱線の始点は鉄橋の端から約25mであった。

鉄橋の付近は地形上から風が強く要注箇所とされていた。そのため鉄橋に設置の風速計に自動風速発信器がつけられて、福知山鉄道管理局のCTC司令室に通報され、風速が25mを越えると司令室の赤色灯が点灯し警報ブザーが鳴り、司令室から鉄橋に近い信号機を停止現示にする遠隔操作ができる仕組みとしていた。当日は13時10分に警報ブザーが鳴ったため、鉄橋の2つ手前の香住駅に問い合わせたところ「風速が20m前後で異常なし」の回答で様子をみていた。13時25分ごろ再びブザーが鳴り、再度問い合わせたところ「瞬間風速が25m、現在は20m前後」の返事で、事故の列車は鉄橋手前の鎧駅を通過していたため、信号機は操作しなかった。

本事故に際して、国鉄の分割民営化の直前であったが鉄道技術研究所（分割民営化で法人格の鉄道総合技術研究所に）が中心に、斯界の有識者をメンバーとす

山陰線余部鉄橋での強風による列車脱線転落事故

る研究会を発足させて鋭意検討の結果、事故は限界を越した強風によるものとの報告書をまとめた。本鉄橋は1912年（明治45年）に竣工した架台構造の鋼桁橋で、当時東洋一の高さを誇るものであった。海岸から僅か70mに位置し、降雨も多い地方のため、常にペイント塗装による防錆と、腐食の進んだ小部材の取り替えが必要で、不断の保守により維持されてきた。56年を経た1968年から8ケ年計画で、縦の主柱以外の全部材の取り替えを補強を兼ねて実施している。その際に横架材がH型鋼に取り替えられて強度を増し、縦横の強度がアンバランスになり、そのため強風により鉄橋がフラッター現象を起こして機関車に蛇行動を与えて線路を曲げ、次いで後続の客車が脱線したとの研究家の解析もある。鉄橋の端から25mの地点の線路の異常な曲がりがそれを証明しているとしている。

本事故は起訴され、法廷ではCTCの指令長と指令員の対応が的確でなかったとして、3人が2年～2年6ケ月の禁固の判決を言い渡された。

10-3 国鉄最終期の保安

国鉄は経営収支の悪化が急速に進み、労使の対立で職場の規律が荒廃し、職員のモラル低下による事故も発生したが、CTCの普及、保安設備の充実もあって、目立った重大事故が減少した。

この期間の全般としての運転事故件数は漸減し、代表的な列車事故は列車10^6km当たり1974年（昭和49年）の国鉄0.10件、民鉄0.07件が、1984年（昭和59年）にはそれぞれ0.06、0.03件に減少した。

10-4 CTCの普及

1964年（昭和39年）開業の東海道新幹線の本格的CTCの成功に続いて、在来線でも1967年（昭和42年）土讃線、1969年（昭和44年）高山線に採用されて、線区単位の有力な経営改善の施策であることが認められた。そのため続いて鹿児島線・奥羽線・山陰線などの長距離幹線にも採用されて、保安の向上とともに運転効率の改善、要員の合理化などに優れた成果を収めていた。

本期間に入ると、従来の単線区間を優先して推進していたCTCが、東北線・山陽線に代表される幹線系複線線区にも採用された。後半からは、経営改善計画の重点推進施策の一つとして、国鉄が将来とも維持すべき線区のすべてを対象にCTC化が進められた。その際には、線区の実状に合致した設備とし、特に採算性の劣る地方交通線については徹底した簡素化を図って、国鉄の最終年には12,385km（60.6%）に及んだ。

また、列車無線の整備とあいまって、1984年の貨物列車の直行化時に最後尾の車掌車の連結が廃止された。

10-5 新幹線の雪害対策

1964年に開業した東海道新幹線は、最初の1年は路盤の安定を待つとして、東京～新大阪間を計画より1時間延ばして4時間の運転としていたが、翌年から当初計画通りの3時間10分とした。しかし、冬季には予想できない深刻な障害事故に遭遇したのが、関ヶ原付近の雪によるもので、気候温暖なモデル線ではテストできないものであった。すなわち、開通後に超高速運転で舞い上がった雪の車両への付着、氷状に成長した雪が温暖区間で溶けて落下し、バラスト飛散により車両破損や沿線への被害となることが解明された。

対策の諸案が研究され、所要工費と効果から、最終的に雪を濡らして比重を高め雪の舞い上がりを防ぐ方策が採用された。すなわち、沿線の地下水を水源として、線路際に約20m間隔に設置したスプリンクラーで線路の雪に散水する方式で、

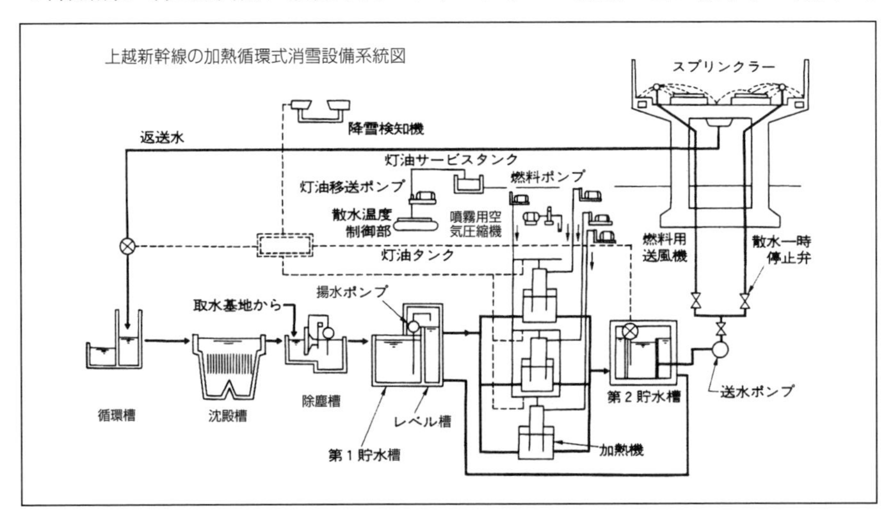

散水量は約4mm/hの雨量に相当する。散水の起動・停止はテレビ監視による司令室からの遠隔集中操作とした。この散水設備は72年までに関ヶ原前後の70kmの区間に設置されて、冬季の雪による障害をなくし、状況により70～160km/hの速度規制として、列車のおくれを最小限に抑えることができた。

1982年開業の上越新幹線の日本海側区間の雪対策は、関ヶ原とは比較にならない多積雪地域のため、対策には自然熱の利用などの案が研究された。

結局従来の常識では考えられない、線路や駅の屋根に約10℃の温水をスプリンクラーで撒いて雪を完全に消し、溶かした水は線路際の水路に集められ、加熱送水基地に戻って循環する加熱循環式消雪システムが採用された。水への加熱は灯油を熱源とする火炎バーナー噴射による水中ボイラーとし、消雪のための散水量は関ヶ原の約10倍の雨量換算約42mm/hとしている。線路散水装置の1セットは延長2.5km単位とし、日本海側の76kmと駅に29基地が設けられた。システムは降雪を検知して、自動的に起動・水温調節・停止ができるようになっている。世界的にも前例のない雪害対策設備で、本設備により上越新幹線は冬季にも支障なく運行されている（P158図面参照）。

11 現代期

(1987～2005年)

長年にわたって国民生活を支えてきた、国鉄の財政破綻による1987年の分割民営化は、我が国の鉄道の歴史にとって大きな出来事であった。

新鉄道会社は再生が期待されて、長期債務の相当比率については別会計に移管し、北海道・四国・九州は相当の財政支援のもとに出発した。当時の好景気の追い風もあって、懸命の企業努力も功を奏し、当初計画では数年毎の運賃値上げを予想していたが、消費税による僅かの改定を除いて、運賃は発足時のままで推移している。

1988年に本州と北海道を結ぶ青函トンネル及び、本州と四国を結ぶ瀬戸大橋が開業して、連絡船に代わって鉄道が直通したのは、特に貨物輸送にとって改善が大きかった。青函トンネルは海底の地質調査を開始してから40年、調査斜坑の掘削を始めてから20年の歳月をかけて、苦心の技術開発と不屈の精神力と絶大な努力によって完成された。新幹線複線断面、曲線半径6,500m、勾配率12‰、延長53.9km、海面下240mで、トンネル建設史でも画期的で、世界的に注目を集めた。青函トンネル建設の成功は、その後のイギリスとフランスをつなぐ英仏海峡トンネルや、デンマークとスウェーデンをつなぐ海底トンネルの建設に継がれた。

期待をうけて発足したJR社は積極的な輸送改善に努め、優れた新形式車両を毎年誕生させ、また民鉄も競っている。

在来線の特急列車ではJR各社で競って新形式を誕生させ、JR東日本が1988年から常磐線で最高速度を20年ぶりに130km/hに向上し、その後全国的に普及した。在来線の最高速度を最も制約しているのがブレーキ距離600m以内で、これは前方の支障を認めて緊急に停止できるための条件で、ブレーキ機構の改善によって達成された。JR西日本が積極的に増備した快速タイプの電車は、居住性も優れ、2000年から線形の優れた東海道・山陽線の新快速列車で、終日130km/hの頻発運転を実施している。

国鉄時代の曲線速度を飛躍させた振り子タイプの特急電車は、JRになって一層改善された新形式がディーゼル動車も加わってJR各社で誕生して、地形上曲線の多い我が国の鉄道のスピードアップに貢献している。

これらの新型車両の高性能化を可能としたのは、電気車の場合はVVVF制御による交流誘導電動機の開発であり、ディーゼル動車の場合は直噴式機関の開発であった。

一方、特定路線に指定された閑散ローカル線の多くが第三セクター鉄道に移行して、新型の軽快ディーゼル動車を採用して頻発などの輸送改善を行っているが、沿線の人口減少とマイカーの普及で多くが経営収支の赤字で苦心している。

11-1 海外の重大事故

(1) アメリカの信号冒進による列車衝突事故

1987年（昭和62年）1月4日13時30分ごろ、アメリカ東部のワシントン～フィラデルフィア間のボルティモア市郊外で、ボストン行のアムトラックの急行列車（電気機関車牽引、客車12両）の側面に、別線を併走していたコンレイル社の3両編成のディーゼル機関車が衝突し、客車5両が脱線転覆し、15人が死亡、174人が負傷した。

原因は、ディーゼル機関車の乗務員がマリファナを吸い、停止信号を識別できずに冒進したためとされた。

(2) ソ連のブレーキ故障による列車追突事故

1987年（昭和62年）8月7日1時30分ごろ、ソ連のロシア共和国南部のカメンスク駅で、停車中の旅客列車に貨物列車が約140km/hで追突し、機関車と客車2両が大破、貨車53両が脱線転覆し、100人以上の死傷者がでた。

原因は、穀物5,000tを積載した貨物列車が、ブレーキ装置の故障のため、下り勾配を暴走したとされる。一般に空気ブレーキの故障の場合は、フェールセーフになるはずであるが、詳細は不明。

(3) アメリカの旅客列車脱線事故

1987年（昭和62年）10月12日12時30分ごろ、シアトルからシカゴへ向かっていたアムトラックの“カリフォルニア・ゼファ”（ディーゼル機関車重連牽引、客車14両）が、アイオワ州南部のラッセル近く（単線）で、機関車2両と客車9両が脱線し、111人が重軽傷した。脱線の原因は不明。

(4) ロンドン市地下鉄駅の火災事故

1987年（昭和62年）11月18日19時30分ごろ、ロンドン市地下鉄ピカデリー線キングスクロス駅構内のエスカレーター下の機械室から出火し、駅構内の一部が炎と煙に包まれて、酸欠などのため32人が死亡、50人が負傷する惨事になった。

火災の原因は、エスカレーターの下に堆積していたごみに駆動モーターの火花が点火したものと推定されたが、利用客の煙草の不始末ともみられ、事故後は車内・駅構内は禁煙とされた。エスカレーターの足台が古い木製であったことが火の回りを早くし、さらにラッシュ時と重なって被害を大きくした。

(5) 中国の信号冒進による列車衝突事故

1988年（昭和63年）3月24日15時20分ごろ、中国国鉄の上海市近郊の単線区間で、南京発杭州行第311急行旅客列車（ディーゼル機関車牽引）と長沙発上海行第208急行旅客列車が、行き違い信号場で正面衝突し、第311列車に乗っていた日本の高校修学旅行生徒を含む29人が死亡、99人が負傷した。

原因は第311列車の信号冒進であるが、機関士の供述は信号場での停車のためのブレーキが効かなかったとしている。機関車連結時のブレーキ機能の確認検査が行われていたのかが問われたが、公表はなかった。

(6) パリのブレーキ故障による電車衝突事故

1988年（昭和63年）6月27日19時10分ごろ、パリ市の国鉄リヨン駅で地下3階のBホームに停車中の通勤電車（殆ど満席）に、郊外電車が高速で突っ込んで衝突して、両電車が大破し、54人が死亡、102人が負傷した。

原因は郊外電車のブレーキ故障とされたが、何者かによる空気コック閉鎖による妨害事故の指摘もある。

(7) インドで急行列車が湖に脱線転落事故

1988年（昭和63年）7月8日13時15分ごろ、南インドのケララ州のアシュタムディ湖にかかる鉄橋で、急行旅客列車（ディーゼル機関車牽引、客車14両）の2両目以下が脱線転落し、6両が水没して、約300人が死亡した。脱線の原因は不明。

(8) ソ連で特急列車の脱線転覆火災事故

1988年（昭和63年）8月16日16時34分、モスクワ～レニングラード間のモスクワより270kmの地点で、特急旅客列車“オーロラ”（電気機関車牽引、客車15両）の客車が脱線転覆して食堂車から火災が発生、17人が死亡、167人が負傷した。

第一の幹線の特急列車の大事故であるが、脱線の原因など不明。

(9) イギリスでの列車三重衝突事故

1988年（昭和63年）12月12日8時すぎ、ロンドン市南部のクラッハム・ジャンクション付近で、信号停車中の通勤電車に、急行電車が追突し、さらに対向線の回送列車が衝突して、34人が死亡、123人が負傷した。

原因は信号設備の近代化工事中のミスとされる。

(10) バングラデッシュの信号扱いミスによる列車衝突事故

1989年（平成元年）1月15日7時25分、首都ダッカの北30kmのプベル駅付近の単線区間で、チッタゴン行急行列車とダッカ行普通列車が正面衝突し、両列車の7両が脱線転落、200人が死亡、約1,000人が負傷した。

原因は信号機操作のミスとされる。

(11) アメリカでの貨物列車の脱線転覆事故

1989年（平成元年）5月12日8時ごろ、カリフォルニア州サンバーナーノの丘陵地帯で、サザンパシフィック鉄道の貨物列車（ディーゼル機関車牽引、貨車車69両）が脱線転覆し、沿線の住宅に突っ込んで7戸を破壊、子供2人と機関士の計3人が死亡、15人が負傷した。 脱線の原因は不明。

(12) シベリア鉄道でパイプラインのガス爆発で列車炎上事故

1989年（平成元年）6月3日23時14分ごろ、ソ連のシベリア鉄道のウラル山中のウファ市とアシヤ市の中間で、液化天然ガス輸送パイプラインから漏れたガスが爆発炎上し、現場を通りかかった旅客列車上下2本が事故に巻き込まれて火災が発生し、夏季のキャンプに向かう子供ら462人が死亡、多数が負傷した。

(13) パキスタンでの閉塞扱いミスによる列車追突事故

1990年（平成2年）1月3日21時35分、パキスタン国鉄線（軌間1676mm）カラチ～ラホール間のほぼ中間のサンギー駅で、通過線に停車中の貨物列車に、続行の急行旅客列車が90km/hで追突し、急行列車のディーゼル機関車に客車が乗り上げ、238人が死亡、320人が負傷した。

原因は、複線での双信閉塞式の通告ミスとされる。

(14) フィラデルフィア地下鉄の車両故障による電車脱線事故

1990年（平成2年）3月7日8時30分ごろ、フィラデルフィア市地下鉄（5路線、軌間1435mm、直流600V、第3軌条方式）の6両編成電車の後部3両が脱線、支柱に衝突し、3人が死亡、160人が負傷した。

脱線の原因はモーターの脱落による希有な事故。

(15) ニューヨーク地下鉄のポイント破損による電車脱線事故

1991年（平成3年）8月28日0時45分ごろ、ニューヨーク市地下鉄(25路線、軌間1435mm、直流600V、第3軌条方式）のユニオン・スクエア駅付近のポイントで、10両編成電車の前部5両が脱線して支柱に激突し、先頭車が大破、5人が死亡、200人が負傷した。

原因はポイントの破損とされる。

(16) フランスでの信号冒進による列車衝突事故

1991年（平成3年）10月17日6時30分ごろ、フランス国鉄線のパリ南約50kmのムラン駅付近で、約120km/hで走行中のニース発パリ行寝台列車の側面に、約

40km/h の速度の貨物列車が衝突し、24 人が負傷した。

原因は貨物列車の乗務員の信号の見誤りによる冒進で、寝台列車の進路線を横断しようとした。

(17) 台湾での信号冒進による列車衝突事故

1991年（平成3年）11月15日16時5分ごろ、台湾国鉄の西側幹線（軌間1067mm、交流25kV）の単線区間の行き違い駅で、高雄行特急列車（10両編成）と台北行急行列車（10 両編成）が衝突し、30 人が死亡、150 人が負傷した。

原因は、特急列車の出発信号の冒進で、ポイントを渡り終えていない急行列車の 8 両目後部に衝突した。

(18) インドでのポイント切り替えミスによる列車追突事故

1995 年（平成 7 年）8 月 20 日未明、インド北部のウッタルプラデシュ州の国鉄北部線フィロバザード駅で、停車中のデリー行急行“カリンディ”に、デリー行特急“プルショョッタム”が約 100km/h の速度で追突し、約 300 人が死亡、400 人が負傷した。

原因はポイントの切り替えミスで、退避中の急行“カリンディ”は通過線に停車していた。信号設備の近代化のおくれも理由の一つであろう。

(19) エジプトでの信号冒進による列車追突事故

1995 年（平成 7 年）12 月 21 日 7 時ごろ、首都カイロの南 30km のバドラシン駅で、停車していた満員の通勤列車に後続列車が追突、後続列車の先頭車などが脱線して線路近傍の市場に突っ込み、75 人が死亡、150 人以上が負傷した。

現場は深い霧が立ちこめて見通しが悪く、信号の確認がおくれたためとされる。

(20) 英仏海峡トンネル内の列車火災事故

1996年（平成8年）11月18日夜、フランス側からイギリス側に向かっていた貨物シャトル列車のトラックの積荷が発火し、トラック 15 台が全焼、車運車 5 両が損傷、8人が負傷、南側トンネルの約1/3が使用不能になった。シャトル列車に乗っていたトラックの運転手たちは隣線への救援列車で避難して、人災は軽かった。

事故後、21 日から北側トンネルを使って運転再開し、南側トンネルの補修により運転が完全に復旧したのは翌年6月15日であった。1994年に開業した英仏海峡トンネルの大事故であった。列車火災対策の見直しが求められた。

(21) イタリアでの過速による特急電車脱線転覆事故

1997年（平成9年）1月12日13時50分ごろ、ミラノ発ローマ行特急“ベンドリーノ”（ETR460、7両編成）が、ミラノから約50kmのビアチェンツァ駅近くの曲線で脱線、うち前部の5両が転覆し、8人が死亡、60人以上が負傷した。

原因は、曲線通過の過速で列車の走行速度は110km/hであった。

(22) ドイツＩＣＥの車輪破損による脱線転覆事故

1998年（平成10年）6月3日11時ごろ、ドイツ北西部のエシュデ駅南方でミュンヘン発ハンブルグ行ICE 884列車（14両編成）が、在来線を約200km/hで走行中に前位動力車の次位の客車の車輪の破損で脱線、前位客車3両は転覆を免れて停止したが、4両目以降は隣接線を進んで跨線橋の橋脚に激突して転覆、これに橋床が5～7両目の客車の上に落下、後続の客車が折り重なり、100人が死亡、約200人が負傷した。

原因は、客車の弾性車輪の破損によるもので、当初の一体車輪を騒音と振動緩和対策のため鋼タイヤの内側にゴムを挿入した構造に変更したのが災いした。

そのため可及的速やかに一体車輪に取り替えられた。堅実をモットーとしているドイツの鉄道がこの種の車輪を採用したのは理解に苦しむ。

(23) イギリスの信号冒進による列車衝突事故

1999年（平成11年）10月5日8時6分、パディントン駅から西2.5kmで、通勤列車（3両編成）と特急列車（10両編成）が正面衝突して脱線大破し、漏れたディーゼル燃料に引火して車両が炎上し、31人が死亡、259人が負傷した。

原因は通勤列車が信号を見誤って本線に入ったため。本列車には警報装置は装備されているが列車停止機能がなく、装備が懸案になっていた。イギリスの鉄道は民営化による多数の会社に分割して移管され、両列車の運営は別々であった。

11-2 現代期の重大事故

(1) 名古屋鉄道線の踏切事故

1987年（昭和62年）7月8日10時35分ごろ、名鉄犬山線（複線、自動閉塞方式）平田橋駅南側の自動開閉器付き第1種踏切で、立ち往生していた大型トレーラーに、犬山発常滑行急行電車（編成4両）が衝突し、電車は全車脱線、最前部が大破し、187人が負傷した。

(2) 近畿日本鉄道東大阪線生駒トンネル内の火災事故

1987年（昭和62年）9月21日16時20分ごろ、近鉄東大阪線（現在のけいはんな線）生駒トンネル（4,734m）内で、送電ケーブルに接続する配電箱付近から火災が発生して停電、通過中の下り普通電車（編成6両）がトンネル内で立ち往生した。約30分後に車掌の誘導で避難したが、煙のため1人が死亡、48人が入院した。

トンネルは前年開業したばかりで、火災の原因は高圧ケーブル接続器設置工事での絶縁不良による漏電とされた。

(3) 中央線東中野駅構内の信号冒進による電車追突事故

1988年（昭和63年）12月5日9時40分ごろ、JR中央線東中野駅緩行線に停車

中央線東中野駅構内の電車追突事故

中の中野行下り電車（103系、10両編成）に、続行の下り電車（201系、10両編成）が約30km/hで追突し、双方の電車が破損し4両が脱線、追突した電車の運転士と乗客2人が死亡、116人が負傷した。

運転士が死亡しているため証言が得られなかったが、信号機の停止現示に作動しているATSのチャイム警報を聞き徐行していればあり得ない大事故で、ATSを装備しながらかなりの速度で追突した事故は前例のないものであった。東中野駅の進入箇所は急曲線のため前方が見えないのも不運で、当日はダイヤが若干乱れていたため、おくれを取り戻そうと速度を上げたとも考えられる。本区間は前にもまったく同じ追突事故を起こしていた。

本事故に鑑み、ATS-Pの整備を推進することとした。

(4) 函館線での過速によるコンテナ貨物列車の脱線転覆事故

1988年（昭和63年）12月13日17時5分ごろ、JR函館線駒ヶ岳〜姫川間（単線、自動閉塞式）で、隅田川発札幌貨物ターミナル行下り貨物列車（機関車DD51形式、コンテナ貨車20両）の貨車19両が脱線転覆した。

原因は連続下り20‰勾配区間で速度制御を誤り、300mの曲線で制限速度を超過したため。

(5) 飯田線で信号冒進による電車衝突事故

1989年（平成元年）4月13日16時57分ごろ、JR飯田線（単線、CTC）北殿駅構内で、下りホームに停車中の天竜峡発長野行下り537M普通電車（165系､3両編成）に、上諏訪発天竜峡行上り248M電車（119系､2両編成）が正面衝突、両電車が中破し、下校中の高校生146人が負傷した。

上り電車の運転士の供述は、駅に接近中に場内信号機が停止現示から進行現示に変り、そのまま進行したところ下り線に入ったため、非常ブレーキを扱ったが及ばなかったとしている。事故後の信号機器には異常がみられず、電車運転士の信号誤認とされた。事故防止対策として､場内信号機直下にもATS地上子を設置することとした。

(6) 阪和線天王寺駅構内で電車が車止めに衝突事故

1989年（平成元年）8月27日14時18分ごろ、JR阪和線（複線、自動閉塞式）

天王寺駅4番ホームで、和歌山発天王寺行快速電車（103系､6両編成）が、最終ポイントを30km/hで通過した後、ホーム中ほどで20km/hに減速したが、停止位置の手前30mになってもスピードが落ちないため、非常ブレーキを扱ったがスピードが落ちず車止めに衝突し、先頭車が大破、2・3両目が小破し、31人が負傷した。

運転士の供述では電車のブレーキ故障としているが、事故後の綿密調査ではブレーキ装置には異常がなく、また駅での再現テストも事故の現象はみられなかった。

(7) 信楽高原鉄道線での代用閉塞扱いミスによる列車衝突事故

1991年（平成3年）5月14日10時35分ごろ、信楽高原鉄道線（単線、自動閉塞式）中間信号場～信楽間で、回送の上りディーゼル動車（軽快形4両編成）と京都発信楽行下り臨時ディーゼル動車（JR西日本から乗り入れのキハ58形式3両編成）が正面衝突し、3両が大破、42人が死亡、614人が負傷した。

原因は、信楽駅発車時に出発信号機が故障のため指導式としたが、区間に列車

信楽高原鉄道での列車正面衝突事故

のないことの確認をしないで発車したため。

本事故は起訴されて、大津地裁は信楽高原鉄道側の執行猶予つきの有罪判決を言い渡すとともに、不起訴となっているJR西日本側にも信号機の支障の責任があるとしている。

(8) 山陽線での転落トレーラーによる列車衝突事故

1992年（平成4年）4月8日0時すぎ、JR山陽線須磨～塩谷間の複々線区間で、線路に並行している国道から線路内に転落していた大型トレーラーに、下り寝台特急“さくら”（機関車EF66形式、客車13両）が衝突して、機関車が脱線転覆、客車6両が脱線した。さらに下り隣線を進行してきた西明石行普通電車（103系、7両編成）が転覆していた機関車に衝突し、先頭車が脱線し、20人が負傷した。普通電車はいち早く異常を認めて非常ブレーキを扱い、停止直前の衝突であったのが被害を軽くした。

この種の事故防止のための、道路側の防護対策が要望された。

(9) 関東鉄道線の列車暴走事故

1992年（平成4年）6月27日8時15分ごろ、関東鉄道常総線（単線、自動閉塞式）取手駅構内で、上りディーゼル動車（編成4両）が暴走してホームに進入し、車止めを乗り越えて駅ビルに衝突、1人が死亡、251人が負傷した。

原因は一つ手前の西取手駅でブレーキ不緩解のため、運転士が下車してコックを開放してブレーキシリンダーの空気を抜き、発車前のブレーキ機能の確認をしないで、そのまま発車したためブレーキが効かなかった。

原因は空気ブレーキ故障時の後処理の誤りであった。

(10) 羽越線の貨車台車破損による列車脱線事故

1993年（平成5年）2月24日JR羽越線象潟～金浦間で、札幌行コンテナ貨物列車（機関車EF81形式、貨車20両、換算80両）の17両目のコキ50000形式が脱線、後続の3両が脱線転覆した。原因は前台車の側枠の折損によるものであった。前年にも同種類の車両故障事故が2件続いているため、同形式3,350両（新製初年1971年）を一斉点検して、状態のよくないもの200両を新品の台車と取り替えたが、残る3,150両についても可及的速やかに取り替えることとし、94年10月に完了した。

(11) 石勝線の強風による特急列車の脱線転覆事故

1994年（平成6年）2月22日17時45分ごろ、JR石勝線（単線、自動閉塞式、CTC）広内信号場近くで、釧路発札幌行ディーゼル特急“おおぞら10号”（183系、7両編成）が強風で50km/hで徐行運転中、前3両が強風のため脱線、先頭車は横転し、7人が負傷した。現場近くに設置されていた風速計が故障のままであった。

本事故に鑑み、風速計の整備管理を徹底し、強風の多い現場には防風柵を設置した。

(12) 北陸線の車軸折損による特急電車脱線事故

1997年（平成9年）2月2日15時50分ごろ、JR北陸線（複線、自動閉塞式）敦賀～新疋田間の第2衣掛トンネル（延長1,340m）内で、新潟発大阪行特急電車“雷鳥34号”（485系6M3T編成）の最後尾Tc車（制御車）が脱線し、8両目と9両目をつなぐブレーキホースが切れて非常ブレーキがかかり停車した。調べるとTc車の前から3番目の車軸の左側の軸受部と車輪の間が折損していた。脱線走行により枕木が約3,000本損傷した。

原因は、コロ軸受の組立時のミスとされた。

(13) 中央線大月駅構内で特急電車と回送電車が衝突事故

1997年（平成9年）10月12日20時ごろ、JR中央線（複線、自動閉塞式）大月駅構内を約100km/hで通過中の松本行特急電車“スーパーあずさ”（E351系12両編成）の側面に、構内入替え走行していた201系電車（6両編成）が衝突し、特急電車の4～8両目が脱線、うち5両目が横転、201系電車は先頭から2両が脱線、61人が負傷した。

原因は、201系電車の運転士の折り返し駅構内の入替え信号の見誤りで、またATSの電源も切っていた。

(14) 山陽新幹線のトンネル内壁落下による事故

1999年（平成11年）6月27日9時20分ごろ、山陽新幹線小倉～博多間の福岡トンネル（8.4km）で、博多行“ひかり351号”（0系、12両編成）が停電で停車した。調べると9号車の屋根が大きく破れ、3両のパンタグラフが破損していた。

状況はトンネル天井内壁コンクリートがはがれ落ち、電車の屋根を直撃したものと推定された。落下した破片塊の最大は約100kg、合計約200kgであった。破片落下の原因は、トンネル建設時の覆工作業（ライニング）のコンクリート打ち込み時に、機械の支障などで生じた不連続の不均質部分（コールドジョイントと呼ばれる）の劣化進行によるものとみられた。

運輸省はこの種の事故の重大性に鑑み、再発防止のため全新幹線トンネルの一斉緊急点検を指示し、次いで地下鉄や在来線のトンネルについても点検を指示した。

(15) 室蘭線でトンネルのコンクリート塊落下で貨物列車脱線事故

1999年（平成11年）11月28日2時35分ごろ、JR室蘭線（複線で一部単線、自動閉塞式）礼文～大岸間の礼文トンネル（1,232m、1975年落成）内で、下りコンテナ貨物列車（機関車DD51形式、貨車20両、換算80両）が、線路上にあったコンクリート塊（約2トン）に乗り上げ、機関車の第1軸が脱線した。

トンネル天井に円錐状の剥落した跡があり、剥落した原因はトンネルへの外圧が一点に集中することによる押し抜きせん断破壊とみられた。そのため、アーチ鉄枠99基設置による補強工事を昼夜兼行で行い、6日後に開通した。

(16) 営団地下鉄日比谷線で電車脱線衝突事故

2000年（平成12年）3月8日9時2分、営団地下鉄日比谷線（複線、自動閉塞式）中目黒駅から上り方約150m付近の、33‰勾配、半径160m（制限速度35km/h）の曲線出口付近で、下り菊名行電車（営団03系、4M4T8両編成）の最後尾Tc車の前部台車が脱線、約60m走行した地点で、隣の上り線を走る竹ノ塚行電車（8両編成）の5～7両目と衝突し、5人が死亡、35人が負傷した。

脱線して走った枕木に傷をあたえた区間は82mで、脱線車の輪軸には異常がなく、脱線地点から手前約7mにわたって、レール上に台車の前後車輪フランジの乗り上がって走行した痕跡があった。駅の手前には50m間隔の2本の場内信号機（前が注意現示、後が警戒現示）があって、速度超過はなかったとみられる。

ボギー旅客車では線路側、車両側、運転条件などに特に異常がなくて脱線した事故は、国鉄100年以上の歴史でも例がなく、日比谷線でも1964年に全区間開業後36年間にこの種の脱線事故が起きていない。そのため運輸省の鉄道事故調査検討会が事故原因の徹底解明を行い、輪重の異常差による浮き上がり脱線とされた。そのため半径200m以下の曲線には脱線防止ガードを取り付けることと、輪重管理を実施するように全国の鉄道会社に指示した。

(17) 新潟中越地震で上越新幹線“とき”が脱線

2004年（平成16年）10月23日18時ごろ、中越地域で震度7の地震が起き、“とき”325号（200系10両編成）が浦佐～長岡間で約200km/hで走行中、6，7号車以外の8両が脱線、最後部車が上り線側に140cm移動し、車体が約30度傾いていた。すべり上り脱線とされる車輪により右側レールの締結装置を破壊し、右側レールが横転、左右の伸縮レール付近が破断したが、幸い乗客155人に怪我はなかった。今回の地震は直下型とみられ、近くの地震計の計測によると846ガル（30km/h/sec^2）とされ、阪神淡路大震災より大きかった。鋭意復旧に努め12月28日に開通した。

(18) 特急DCがくろしお鉄道宿毛駅で暴走事故

2005年（平成17年）3月2日21時、くろしお鉄道の終着の宿毛駅で、岡山発宿毛行DC特急“南風17号”（2000系3両編成）が高速で進入し車止めを突破して脱線大破し、運転士が死亡、乗客15人が負傷した。乗務員は窪川駅でJR四国からくろしお鉄道職員に代わり、宿毛駅手前6分の平田駅には定刻停車し、ATS（地上子は場内信号機の手前150mに設置）がありながら、終着駅にかなりの高速で暴走しているのが不可解な事故とされる。

(19) 福知山線で快速電車が横転脱線事故

2005年（平成17年）4月25日9時18分、JR福知山線宝塚発同志社前行の上り快速電車207系7両3M4T編成（乗客数約700人）が、塚口～尼崎間の300m曲線で、前5両が横転脱線、先頭3両は線路際のマンションに衝突大破し、107人が死亡、540人が負傷した。JR発足以来の最大の事故で、脱線に至った原因は、電車は前の伊丹駅停車時に約70mオー

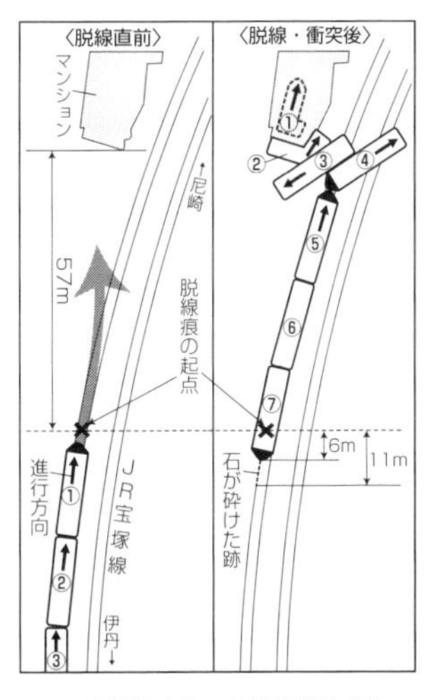

JR福知山線での横転脱線事故

バーランして1分20秒遅れになり、次の尼崎駅での東海道線列車との接続の回復運転のため、直線区間を最高の120km/hで走り、300m曲線の制限70km/hに対して抑速が遅れて過速し（運転台のモニター制御装置の記録では108km/h）、横転脱線した。

鉄道創始より2000年迄の128年間に起こった重大事故は185件で、そのうち走行中の脱線事故は45件を記録している。脱線の形態種類には、せり上がり11件、横滑り（横圧過大）1件、横転19件、浮上り（P172日比谷線事故）1件で、その理由は、強風7件、下り急勾配での過速6件、駅のポイント（制限速度35km/h程度）での過速6件ある。その他の要因は、置き石など4件、線路異常3件、車両支障（車輪破損）6件であり、今回のような条件での横転脱線事故は前例がなかった。

今回の事故の当面の対策として、国土交通省は

直線部の制限速度＞曲線部の転覆脱線に至る速度×0.9（理論値）

を基準に、狭軌の在来線では400m未満の曲線で手前の直線との速度差20km/h以上、標準軌では200m未満の曲線で速度差30km/h以上の区間で速度超過の場合は、自動的に急ブレーキが作動する装備を必要とし、ピーク時間帯1時間10本以上の曲線は2006年度末まで、10本未満の曲線は2009年度末までの装備を方針としている。対象になる曲線数は、JR各社では北海道14、東日本876、東海51、西日本1,234、四国62、九州96。大手民鉄は414、中小民鉄は167と報告された。

ATSを改良したATS-Pは、曲線の制限速度超過にも機能追加する方式とし、JR東日本は中央線での事故（P167参照）に鑑み1988年より首都圏の主な各線に、JR西日本も1991年より関西地域の主要各線に装備し、福知山線も尼崎～新三田間に2005年6月までに整備の予定であった。事故を起こした福知山線は、ATS-Pを整備し、ダイヤの余裕を見直し、手前の直線最高速度を120km/hから95km/hに、該曲線の制限速度を70→60km/hに下げて、6月19日に運転復旧した。JR西日本は関西地域の残余の線区に速やかにATS-Pを整備し、ダイヤに余裕の少ないとみられる新快速などを中心に、2006年3月のダイヤ改正で見直すとした。

11-3 現代の保安

再生を目指して発足したJR各社は、保安についても最優先に努めて事故率も国鉄時代より減少し、列車事故の10^6km当たりの件数は、JR・民鉄とも発足以前の

最低の0.03件前後から減少の傾向で推移している。

JR発足後での事故で、前例のなかった事故ながら対策を要するのが恒久施設の対策と地震対策、および福知山線事故の抜本的対策であろう。

11-4 恒久施設の対策と地震対策

1999年に発生した山陽新幹線のトンネル内壁落下事故（P171参照）は、衝撃的なものであった。今後のトンネル・橋梁・高架橋などの恒久的施設の経年劣化にも対応して、信頼性・点検効率の優れた検査機器と適正な補強策が求められている。

新幹線の地震対策の中心は、速度の速い初期微動（P波＝縦波）を検知して、主要動（S波＝横波）が来る前に、送電を自動的に遮断して列車に非常ブレーキをかけるシステム（地震検知装置）であるが、2004年10月の直下型の中越地震ではP波とS波の時間差がわずかのため本システムは機能しなかった（P173参照）。また本地震によるガルもきわめて大きく、この種の対策は難問として残されている。

11-5 ATSの改良

国鉄を継承したJRに採用されているATSは、信号の停止現示に対して確認ボタンを押せば、ATSによるブレーキ機能が解除されて運転士がブレーキを扱うため、確認ボタン後の事故の可能性が残されていた（P140、9-5参照）。

そのため、JR東日本はATCの機能に近づけたATS-Pを主要線区から採用を始めて普及に努めている。ATS-Pは赤信号の手前で制限速度を超過するとき、及び曲線の制限速度超過の恐れのあるときに自動的に非常ブレーキがかかり、確認扱いを不要とした、より高度な機能としている。

JR北海道、JR東海、JR四国では、場内信号機・出発信号機などの主信号に対して冒進した場合には、警報や確認ボタンを経ず、ただちにブレーキがかかる機能を追加することとして、1994年までに整備を終えた。ATS未整備の地方私鉄もこの時期には、公的支援などもうけてほぼ整備が完了した。

2005年のJR福知山線の大事故（P173参照）に鑑み、希有な事故であっても高性能車両による高速化や、人的対策などを総合すると、曲線の制限速度超過にも防止できる装備が必須になり推進されている。

12　事故の解析と鉄道保安

11章にわたり鉄道創業時から現代に至るまでの内外の重大事故を記録するとともに、事故防止対策の歩みのあらましを記してきたが、終章にあたり解析を試みるとともに、無事故を目指したコメントを加えたい。

12-1 列車事故率の推移

鉄道の保安水準の尺度にはいろいろの考え方があろうが、ここでは代表的な事故と目される列車事故（列車衝突・列車脱線・列車火災）の事故率を目安とする。

表12-1は記録に残っている1902年（明治35年）から、国鉄最終の1986年までの国鉄の列車事故件数と列車キロ当たり件数の統計である。

明治・大正時代の統計は列車事故に含められる範囲が異なるようで、そのままの比較は正当でないが、連結器とブレーキ装置の不完全、保安設備の貧弱、整備保守の未熟な当時は、事故が非常に多かったことを物語っている。

統計内容が現在とほぼ同じとされる昭和時代になって大幅に減少したが、戦中戦後の資材不足、技量の低下、食料難の時期には著しく増えている。日本国有鉄道の発足したころからは逐年減少の一途をたどり、保安設備の充実とあいまって国鉄の最終期には戦前の約20分の1になっている。

表12-2は国鉄終期の20年間の国鉄と民鉄の列車事故率の比較であるが、1971年（昭和46年）までは国鉄が民鉄を下回っていたが、その後は民鉄が下回っている。JR発足前後から、民鉄ともほぼ同じ最低水準で推移している。

表12-1　国鉄の列車事故の件数と件数率の推移

年	列車キロ	列車事故件数	件数/列車キロ10^6
1902年	14×10^6	124	9.3
〜1907年	60×10^6	955	15.8
1921年	129×10^6	351	2.7
1935年	244×10^6	242	1.0
〜1938年	279×10^6	195	0.70
1939年	296×10^6	208	0.70
1940年	307×10^6	165	0.54
1941年	312×10^6	173	0.55
1942年	320×10^6	212	0.66
1943年	327×10^6	312	0.95
1944年	312×10^6	742	2.34
1945年	218×10^6	703	3.21
1946年	201×10^6	488	2.43
1947年	202×10^6	397	1.98
1948年	227×10^6	408	1.84
1949年	250×10^6	236	0.96
1950年	272×10^6	283	1.05
1951年	306×10^6	229	0.76
1952年	312×10^6	173	0.56
1953年	330×10^6	165	0.50
1954年	344×10^6	143	0.42
1955年	363×10^6	134	0.37
1956年	384×10^6	139	0.36
1957年	401×10^6	142	0.35
1958年	409×10^6	93	0.23
1959年	434×10^6	95	0.22

年	列車キロ	列車事故件数	件数/列車キロ10^6
1960年	462×10^6	141	0.30
1961年	501×10^6	130	0.26
1962年	532×10^6	124	0.23
1963年	558×10^6	101	0.18
1964年	576×10^6	98	0.17
1965年	600×10^6	98	0.17
1966年	617×10^6	74	0.12
1967年	634×10^6	92	0.15
1968年	650×10^6	83	0.13
1969年	665×10^6	76	0.11
1970年	680×10^6	70	0.11
1971年	684×10^6	60	0.09
1972年	690×10^6	66	0.09
1973年	681×10^6	75	0.10
1974年	690×10^6	69	0.10
1975年	681×10^6	59	0.09
1976年	690×10^6	68	0.10
1977年	695×10^6	41	0.06
1978年	678×10^6	51	0.08
1979年	678×10^6	61	0.09
1980年	659×10^6	51	0.08
1981年	651×10^6	33	0.05
1982年	628×10^6	34	0.05
1983年	628×10^6	49	0.08
1984年	621×10^6	37	0.06
1985年	615×10^6	33	0.05
1986年	639×10^6	20	0.03

次に海外の鉄道との比較はどうであろうか。世界各国鉄道統計などの資料もあるが、列車事故などの統計のとりかたが国によって範囲が異なるため、最近の先進国などが日本の1桁違いの数10倍多い統計が正確であるのか判定できない。

しかし、海外の鉄道を旅しても、列車の運行時間の正確なことは、我が国の鉄道は世界的にも無類であることとも考え合わせて、我が国の鉄道の保安水準は最高レベルと見て誤りでないであろう。

表12-2　最近の国鉄・民鉄の列車事故件数と率の推移

種別 / 年度	国鉄						民鉄					
	列車衝突	列車脱線	列車火災	合計	列車キロ $\times 10^6$	件数/10^6	列車衝突	列車脱線	列車火災	合計	列車キロ $\times 10^6$	件数/10^6
1966	5	67	2	74	617	0.12	1	73		74	352	0.23
1967	9	76	7	92	634	0.15	3	60		63	354	0.18
1968	10	69	4	83	650	0.13	7	53	2	62	356	0.18
1969	3	70	3	76	665	0.11	4	44	3	51	357	0.15
1970	6	61	3	70	680	0.11	2	27	3	32	357	0.09
1971	7	50	3	60	684	0.09	4	52	4	60	358	0.17
1972	8	55	3	66	690	0.09	1	21		22	367	0.06
1973	6	69		75	681	0.11	1	34		35	382	0.09
1974	9	58	2	69	690	0.10	1	27		28	398	0.07
1975	2	56	1	59	681	0.08	2	18	1	21	410	0.05
1976	3	65		68	690	0.10	2	17	1	20	412	0.05
1977	3	37	1	41	695	0.06	1	24		25	416	0.06
1978	6	42	3	51	678	0.08	1	11	1	13	420	0.03
1979	4	56	1	61	678	0.09		16		16	420	0.04
1980	2	46	3	51	659	0.08		22	2	24	431	0.06
1981		33		33	651	0.05		8	1	9	440	0.02
1982	1	32	1	34	628	0.05	1	15	1	17	440	0.04
1983	4	45		49	628	0.08		18	2	20	446	0.05
1984	3	34		37	621	0.06	6	7	1	14	450	0.03
1985	4	29		33	615	0.05	1	12		13	435	0.03
1986	2	18		20	639	0.03	4	9	1	14	439	0.03

12-2 重大事故の原因解析からの考察

保安度の向上には際限がなく、究極の無事故の鉄道を目指して今後もたゆみなく努めなくてはならないが、各章の重大事故を集計解析して、対策推進の足掛りを考察してみよう。

記してきた2000年までの128年間に発生した185件の重大事故（11章の2001年以降の3件を除く）を5年毎に集計し、事故の直接原因別に分類したのが表12-3である。

これによると、明治期は列車キロも少なく、列車速度も低かったため件数も少なかった。鉄道が国有化され、列車キロも増え、列車速度も高まるとともに件数も増え、戦中と終戦直後期は特に著しい増え方である。その後は列車キロは増え

表12-3　重大事故の直接原因別の件数推移

年	動力車乗務員	駅取扱い	車両故障	施　設	競　合	天　災	踏　切	妨害火災	計	営業キロ
1872～1875		1							1	105
1876～1880	1								1	160
1881～1885		1							1	390
1886～1890										880
1891～1895						1			1	950
1896～1900	1		1		1	2			5	1,500
1901～1905			1						1	2,600
1906～1910	1	1	2			1		1	6	7,800
1911～1915	3								3	9,300
1916～1920	1	2	2		1			1	7	10,400
1921～1925	3			1		3			7	12,500
1926～1930	3		1			1		1	6	14,600
1931～1935	2	1				2			5	17,100
1936～1940		3		1		1		2	7	18,400
1941～1945	5	2	1	2	1	2		2	15	19,600
1945～1949	12	1	5	2		2		3	25	19,700
1949～1955	2	1	3	1	1	1	1	2	12	20,100
1956～1960	3	1	1				2	2	9	20,500
1961～1965	6	4			1		6		17	20,700
1966～1970	6	1	1		2		3	1	14	20,900
1971～1975	6	1			2		1	1	11	21,300
1976～1980	2	1				2	1	1	7	21,300
1981～1985	4			2					6	20,800
1986～1990	5			1		1	1		8	20,300
1991～1995	1	1	1			1		1	5	20,100
1996～2000	1		1	2	1				5	20,000
合　計	68	22	20	12	10	20	15	18	185	

注：営業キロは国鉄・JR。事故は民鉄も含む。

ているが、各種の対策の推進により、多少の差はあるものの、傾向としては減少を続けている。

原因別にみると、動力車乗務員の取り扱い関連事故が37%、閉塞取扱いミス等の駅取扱いによる事故が12%、車両故障による事故が10%、施設に関連する事故が7%、車両と線路に競合する事故が6%、雪崩・落石・突風等の天災事故が10%、踏切事故が8%、火災と妨害事故が9%などの8種類に整理される。

動力の近代化の完了、CTC化の進行、ATS・ATCの整備、競合脱線対策、踏切の整備などが進んだ1976年（昭和51年）以降の25年間でみると、駅取り扱いによる事故、競合事故、火災事故が激減して、件数の多いのは動力車乗務員による事故、施設事故、天災事故で、車両故障事故、踏切事故が残っている。

動力車乗務員事故のうちの信号冒進事故対策は、国鉄・JRではATSが改良され、またATCも採用され、民鉄も一部の地方路線を除いて整備が完了している。2005年のJR福知山線事故に鑑み、ATSに曲線の制限速度を超過する恐れにもブレーキが作用する機能が追加されることになったが、世界的にも初めてであろう。

施設事故は、トンネル・高架橋などの老朽化によるものが最近顕在化している。効率がよく信頼性の高い検査機器の開発整備と、合理的な補強方法と更新の適正時期等について一層の研究・深度化が望まれよう。

自然災害によるものは、防止施設や検知機器などが整備されているが、今後とも過去の教訓を生かして欲しい課題である。

車両については軽量化などは世界的に最も高い水準で進んでいるが、走行装置の故障は列車の高速化では大事故を招く恐れがあるため、強度に対する安全余裕には特に慎重であってほしい。

踏切対策で最も望ましいのは、新幹線のように踏切をなくす立体化であろう。海外の先進国の鉄道を旅して痛感することは、踏切が非常に少ないことである。人口密度などの条件の違いもあろうが、21世紀の鉄道ためにも踏切をなくす努力が望まれる。

海外の1976年（昭51年）以降の25年間の重大事故36件を原因別に調べると、動力車乗務員による事故が39%と際だって多く、次いで車両故障による事故17%、駅の信号扱い11%、列車火災11%、施設8%、妨害6%と続き、脱線原因など不明が8%となっている。

動力車乗務員による事故の多いのは古今洋の東西を問わない。踏切による重大事故のないのも、特に先進国は踏切が少ないためであろう。

12-3 より高い保安水準を目指して

次の言葉は、1956年（昭和31年）10月15日に起きた参宮線の列車衝突事故時に、急遽現場に馳せつけて、悲しみにくれている遺族を前にして、涙とともに詫びられた当時の十河信二国鉄総裁のあいさつである。

「まったく申し訳ありません。今度の事故はすべて国鉄の責任であります。私の至らぬために起こった不始末ゆえ、皆様に対してお詫びの言葉がありません。ご遺族の方々には出来るだけの努力を払ってお慰めすることをお誓いします。また、このような事故を再び繰り返さないよう、万全の処置を講じる覚悟でおります。亡くなられた方々のご冥福を心からお祈りいたします」。

この事故の直接の原因は、7-2(16)(P99参照)に記したように機関車乗務員の場内信号機の誤認によるものであるが、十河国鉄総裁は最高責任者としての自己の責任を認めている。鉄道事故の要因には、前項の重大事故で集計分類した直接要因のほかに、十河総裁の認めた鉄道の運営・管理の間接的要因がある。職員の指導育成とモラルの高陽維持、適正職員の配置運用、保安対策組織の活性化、保安対策投資の選定の決断等はすべてこれに属するもので、管理者・経営者の責任も非常に大きい。

事故の人的要因の場合の表現として、不注意、怠慢、不規律、誤認、錯覚、憶測などが挙げられているが、筆者自身の体験から当事者のモラル(士気、やる気)がまず基盤にあるように思われてならない。すなわち、人的要因の事故の内容を詳細に調べてみると、当事者の実務の知識の不足、未熟、未経験などによるケースは非常に少ない。当事者自身は実務を経験し過去の悲惨な事故などから事故の恐ろしさを知っていながら、人間のとかく安きに流れ易い本質に災いされて事故を起こしている場合が多いのは、古今洋の東西を問わないのである。

5-2(17)(P71参照)の事故の責任から蒸気機関車の火室に身を投じた機関士の例や10-2(11)(P153参照)の自社の電車で自殺した車掌の例をみると、いたずらに責任を追及するのは好ましいことではない。世間からきびしく糾弾された大事故も時間の経過とともに忘れ去られてしまうのが常で、実務に従事する人達のモラルを高め維持するために、具体的にいかにしたらよいかが、難しいテーマである人的要因の事故防止の第一の基盤策であろう。

次に保安対策の投資支出については、各章にわたって保安対策の歩みで記したが、西成線のガソリン動車火災事故(P65参照)、八高線の列車脱線事故(P83参照)、桜木町駅の電車火災事故(P93参照)、三河島駅構内の列車三重衝突事故(P110参照)、鶴見の列車三重衝突事故(P114参照)、北陸トンネル内の列車火災事故(P134参照)、福知山線事故(P173参照)などの例のごとく、多くの犠牲者が出て初めて具体的対策が採られている。

なかでも長年にわたって懸案とされていたATSの装備が、戦前にも信号冒進による悲惨な事故を何度も起こし戦後も続いていながら、遅きに失っしている。もっとも、鉄道創始国のイギリスでも最近の1999年に大事故（P166参照）を起こして、今もATSの装備が完了していないのをみると、所要投資の大きさからみて容易ではないのであろうか。

今までの事故実績を検証し、大事故の陰には中事故が29件、その裏に小事故が300件起きているとするハインリッヒの法則にある、表にでない小事故・中事故の統計も解析検討し、事故の可能性をすべて予想して、保安が輸送の絶対条件として緩急順の対策を立て、基盤の人的対策とともに無事故の鉄道を目指して推進するよう望みたい。

運転事故は好ましくないものであるためか、鉄道会社の社史などには記録を残していないものが多く、事故の教訓も歳月とともに風化している例が少なくない。多くの運転事故の教訓が、現在の鉄道の高い保安度の基礎になっていることからも、重大事故などの記録や経過は確実に継承されるべきである。

●毎日新聞社提供写真
山陽線岡山駅構内の信号扱いミスによる列車追突事故（1937年7月29日）
近畿日本鉄道の車両故障による電車追突事故（1949年3月31日）
奥羽線の貨物列車の競合脱線事故（1966年4月8日）
日豊線の貨物列車競合脱線事故（1966年9月7日）
東武鉄道線の踏切事故（1969年12月9日）
近畿日本鉄道線の特急電車衝突事故（1971年10月25日）
関西線平野駅構内の分岐器過速による電車脱線事故（1973年12月26日）
信越線67‰勾配区間の過速による電気機関車脱線転落事故（1975年10月28日）
営団地下鉄東西線の突風による電車脱線事故（1978年2月28日）
阪急電鉄線での信号冒進による電車衝突事故（1984年5月5日）
山陰線余部鉄橋での強風による列車脱線転落事故（1986年12月28日）
中央線東中野駅構内の信号冒進による電車追突事故（1988年12月5日）
信楽高原鉄道での代用閉塞扱いミスによる列車衝突事故（1991年5月14日）

●鉄道ジャーナル社提供写真
営団地下鉄日比谷線で電車脱線衝突事故（2000年3月8日）

重大事故の一覧

1　鉄道創業期（1872 ～ 88 年）

1 - 1 日本の鉄道以前の海外の鉄道の重大事故
(1) イギリスでの最初の人身事故（1830 年 9 月 15 日）
(2) アメリカでの機関車ボイラー爆発事故（1831 年 6 月 17 日）
(3) アメリカ鉄道の最初の旅客死亡事故（ 1833 年 11 月 11 日）
(4) フランスでの最初の大事故（1841 年 5 月 8 日）
(5) イギリスでの列車正面衝突事故（1874 年 9 月 10 日）
(6) イギリスの列車三重衝突事故（1876 年 1 月 21 日）
(7) イギリスのテー長鉄橋崩壊による列車転落事故（1879 年 12 月 28 日）
1 - 2 日本の創業期の重大事故
(1) 新橋駅構内の列車脱線事故（1874 年 9 月 11 日）
(2) 東海道線の列車衝突事故（1877 年 10 月 1 日）
(3) 最初の旅客死亡事故（1885 年 10 月 1 日）

2　鉄道伸長期（1889 ～ 1905 年）

2 - 1 海外の重大事故
(1) アイルランドの列車衝突事故（1889 年 6 月 12 日）
2 - 2 鉄道伸長期の重大事故
(1) 山陽鉄道の築堤崩壊による軍用列車海中転落事故（1895 年 7 月 25 日）
(2) 東海道線の工事列車脱線事故（1897 年 10 月 2 日）
(3) 九州鉄道の機関車ボイラー破裂事故（1898 年 4 月 9 日）
(4) 東海道線の強旋風による列車脱線事故（1899 年 6 月 30 日）
(5) 日本鉄道の台風による列車脱線転落事故（1899 年 10 月 7 日）
(6) 東海道線の競合による列車脱線事故（1900 年 8 月 4 日）
(7) 信越線 67 ‰勾配区間での旅客死亡事故（1901 年 7 月 13 日）

3　鉄道国有化期（1906 ～ 1919 年）

3 - 1 海外の重大事故
(1) メキシコ鉄道の過速による列車脱線転落事故（1915 年 1 月 18 日）
(2) イギリス鉄道の列車三重衝突事故（1915 年 5 月 23 日）
(3) フランス鉄道の過速による列車脱線転落事故（1917 年 12 月 22 日）
3 - 2 鉄道国有化期の重大事故
(1) 函館線の妨害による列車脱線事故 （1908 年 6 月 20 日）
(2) 横須賀線の閉塞扱いミスによる列車衝突事故 （1909 年 1 月 13 日）
(3) 東北線の強風による列車脱線事故（1909 年 4 月 17 日）
(4) 東海道線の貨車脱線による列車衝突事故（1909 年 4 月 19 日）
(5) 奥羽線のトンネル内煤煙失神による列車脱線事故 （1909 年 6 月 12 日）
(6) 上野駅での信号冒進による列車衝突事故（1909 年 8 月 31 日）
(7) 東海道線の制動制御ミスによる列車追突事故（1912 年 6 月 17 日）
(8) 北陸線の過走による列車衝突事故（1913 年 10 月 17 日）
(9) 中央線の制動制御ミスによる列車脱線事故（1914 年 5 月 29 日）
(10) 北陸線の車両と線路の競合脱線事故（1916 年 6 月 11 日）
(11) 東北線の閉塞扱いミスによる列車衝突事故（1916 年 11 月 29 日）

(12) 信越線67‰勾配区間の列車脱線転覆事故（1918年3月7日）
(13) 東海道線の閉塞扱いミスによる列車衝突事故（1919年7月25日）
(14) 山陽線下関駅構内の火薬による大爆発事故（1918年7月26日）
(15) 山陽線での貨車破損による列車分離脱線事故（1919年10月30日）

4 鉄道発展期（1920～1936年）

4 - 1 海外の重大事故
(1) グレート・ノーザン鉄道の雪崩事故（1910年3月1日）
4 - 2 鉄道発展期の重大事故
(1) 磐越西線の土砂崩壊による列車脱線事故（1921年3月20日）
(2) 北陸線の雪崩事故（1922年2月3日）
(3) 東北線の信号冒進による列車脱線事故（1923年1月9日）
(4) 参宮線の線路工事現場での列車脱線事故（1923年4月16日）
(5) 関東大震災による海への列車転落事故（1923年9月1日）
(6) 山口線の制動制御ミスによる列車脱線事故（1923年11月10日）
(7) 山手線の電車追突事故（1924年2月26日）
(8) 箱根登山鉄道の制動制御ミスによる電車脱線転落事故（1926年1月16日）
(9) 山陽線の築堤崩壊による特急列車脱線転覆事故（1926年9月23日）
(10) 東海道線の信号冒進による列車追突事故（1927年3月27日）
(11) 北陸線柳ヶ瀬トンネル内の窒息事故（1928年12月6日）
(12) 久大線の機関車ボイラー破損事故（1930年4月6日）
(13) 東海道線の分岐器過速による急行列車脱線転覆事故（1930年4月25日）
(14) 山手線の信号冒進による電車追突事故（1930年9月13日）
(15) 山陽線の分岐器過速による急行列車脱線転覆事故（1931年1月12日）
(16) 根室線の運転扱いミスによる貨物列車脱線転覆事故（1933年10月17日）
(17) 山陽線の閉塞扱いミスによる列車追突事故（1933年11月12日）
(18) 東海道線の台風による列車脱線事故（1934年9月21日）
(19) 盤越東線の土砂崩れによる列車脱線転落事故（1935年10月27日）
(20) 北陸線の列車火災事故（1936年1月13日）

5 戦時期（1937～1945年）

5 - 1 戦時期の海外の重大事故
(1)イタリアのトンネル内における窒息事故（1944年3月2日）
5 - 2 戦時期の重大事故
(1) 山陽線岡山駅構内の信号扱いミスによる列車追突事故（1937年7月29日）
(2) 東海道線豊橋駅の信号扱いミスによる列車三重衝突事故（1937年9月11日）
(3) 鹿児島線の列車火災事故（1937年12月27日）
(4) 山陽線の築堤崩壊による列車脱線転覆事故（1938年6月15日）
(5) 西成線でのガソリン動車脱線火災事故（1940年1月29日）
(6) 米坂線での雪崩による列車脱線転落事故（1940年3月5日）
(7) 常磐線四ツ倉駅での信号扱いミスによる列車追突事故（1941年1月18日）
(8) 東海道線の信号冒進による列車三重衝突事故（1941年3月26日）
(9) 山陽線の信号冒進による列車追突事故（1941年9月16日）
(10) 豊肥線の路盤軟弱化による列車脱線転落事故（1941年10月1日）
(11) 常磐線の信号冒進による列車追突事故（1941年11月20日）

(12) 鹿児島線のレール張り出しによる列車脱線事故（1943年6月9日）
(13) 常磐線土浦駅構内の入れ替え作業ミスによる列車衝突事故（1943年10月26日）
(14) 山田線の雪崩による列車脱線転落事故（1944年3月12日）
(15) 高野電気鉄道線の停止扱いミスによる電車脱線転覆事故（1944年9月3日）
(16) 山陽線での妨害による列車脱線転覆事故（1944年6月22日）
(17) 山陽線の信号冒進による列車追突事故（1944年11月19日）
(18) 高山線の競合による列車脱線転落事故（1945年1月10日）
(19) 飯田線の落石による電車脱線転落事故（1945年2月17日）
(20) 山陽線の空気コック閉鎖による列車衝突事故（1945年4月21日）
(21) 戦時形蒸気機関車のボイラー破裂事故（1945年8月11日）

6　終戦直後期（1945～49年）

6 - 1 終戦直後期の重大事故
(1) 肥薩線のトンネル内事故（1945年8月22日）
(2) 八高線の閉塞扱いミスによる列車衝突事故（1945年8月24日）
(3) 中央線笹子駅構内の仮眠による列車脱線事故（1945年9月6日）
(4) 東海道線の機関車ボイラー破裂事故（1945年10月19日）
(5) 福知山線の列車火災事故（1945年11月3日）
(6) 神戸電鉄線の過速による電車脱線転覆事故（1945年11月18日）
(7) 東海道線の制動制御ミスによる列車追突事故（1945年11月19日）
(8) 津山線での車軸折損による列車脱線事故（1945年11月27日）
(9) 近畿日本鉄道線の制動制御ミスによる電車脱線転覆事故（1945年12月6日）
(10) 小田急電鉄線の列車脱線転覆事故（1946年1月28日）
(11) 留萌線の雪害による列車脱線転落事故（1946年3月14日）
(12) 東海道線の仮眠による列車追突事故（1946年5月8日）
(13) 中央線電車の乗客転落事故（1946年6月4日）
(14) 東海道線の仮眠による列車追突事故 （1946年7月26日）
(15) 上越線の信号冒進による列車脱線転落事故（1946年11月3日）
(16) 信越線の土砂崩れによる列車脱線転落事故（1946年12月19日）
(17) 近畿日本鉄道線の信号冒進による電車追突事故（1946年12月24日）
(18) 八高線の過速による列車脱線転覆事故（1947年2月25日）
(19) 室蘭線の信号冒進による列車衝突事故（1947年3月31日）
(20) 近畿日本鉄道線の電車火災事故（1947年4月16日）
(21) 京浜東北線の信号冒進による電車追突事故（1947年4月22日）
(22) 山陽線の異常高温でのレール通り狂いによる列車脱線転覆事故（1947年7月1日）
(23) 名古屋鉄道瀬戸線の過速による電車脱線転覆事故（1948年1月5日）
(24) 近畿日本鉄道線の電車火災事故（1949年3月8日）
(25) 近畿日本鉄道線の車両故障による電車追突事故（1949年3月31日）

7　国鉄発足期（1949～56年）

7 - 1 海外の重大事故
(1) イギリスでの信号冒進による列車三重衝突事故（1952年10月8日）
(2) ニュージーランドの橋梁流失による列車脱線転落事故（1954年12月24日）
7- 2 国鉄発足期の重大事故
(1) 中央線三鷹電車区構内の電車暴走事故（1949年7月15日）

(2) 東北線の妨害による列車脱線転覆事故（1949 年 8 月 17 日）
(3) 京浜線桜木町駅構内での電車火災事故（1951 年 4 月 24 日）
(4) 信越線の信号冒進による列車脱線転覆事故（1952 年 2 月 23 日）
(5) 小田急電鉄線の信号冒進による電車追突事故（1952 年 8 月 22 日）
(6) 山陽線の閉塞扱いミスによる列車追突事故（1953 年 2 月 7 日）
(7) 東海道線の貨車車輪異常摩耗による列車脱線転覆事故（1953 年 9 月 17 日）
(8) 山陽線の貨車車輪フランジ欠損による列車脱線事故（1953 年 10 月 17 日）
(9) 常磐線の貨物列車競合脱線事故（1954 年 8 月 2 日）
(10) 飯田線の落石による列車脱線転落事故（1955 年 1 月 20 日）
(11) 東海道線の踏切事故と列車火災事故（1955 年 5 月 17 日）
(12) 常磐線の貨車車軸折損による貨物列車脱線転覆事故（1955 年 5 月 20 日）
(13) 南海電鉄線の電車火災事故（1956 年 5 月 7 日）
(14) 士幌線の貨車転走による列車衝突事故（1956 年 7 月 3 日）
(15) 山陽線の信号冒進による列車追突事故（1956 年 2 月 3 日）
(16) 参宮線六軒駅構内での信号冒進による列車衝突事故（1956 年 10 月 15 日）

8 鉄道近代化前期（1957 ～ 1963 年）

8 - 1 鉄道近代化前期の重大事故
(1) 常磐線の架道橋移動による列車脱線転覆事故（1957 年 5 月 17 日）
(2) 三重電鉄北勢線の過速による電車脱線転覆事故（1957 年 11 月 25 日）
(3) 山陽線の踏切事故（1958 年 8 月 14 日）
(4) 阪急電鉄線の踏切事故（1959 年 1 月 4 日）
(5) 東海道線の貨車車軸折損による列車衝突事故（1959 年 5 月 14 日）
(6) 東海道線の信号冒進による電車追突事故（1961 年 1 月 1 日）
(7) 小田急電鉄線の踏切事故（1961 年 1 月 17 日）
(8) 羽越線の踏切事故（1961 年 8 月 29 日）
(9) 山陽線の隔時法による列車追突事故（1961 年 12 月 29 日）
(10) 常磐線東海駅構内の分岐器過速による列車衝突事故（1961 年 12 月 29 日）
(11) 常磐線三河島駅構内の信号冒進による列車三重衝突事故（1962 年 5 月 3 日）
(12) 鹿児島線の閉塞扱いミスによる列車追突事故（1962 年 7 月 20 日）
(13) 南武線の踏切事故（1962 年 8 月 7 日）
(14) 羽越線の信号冒進による列車衝突事故（1962 年 11 月 29 日）
(15) 近畿日本鉄道阿倍野橋駅構内の信号冒進による電車衝突事故（1963 年 5 月 18 日）
(16) 筑肥線の踏切事故（1963 年 8 月 7 日）
(17) 鹿児島線の踏切事故（1963 年 9 月 20 日）
(18) 東海道線鶴見での貨車競合脱線による列車三重衝突事故（1963 年 11 月 9 日）

9 鉄道近代化後期（1964 ～ 1975 年）

9 - 1 海外の重大事故
(1) モントリオール地下鉄の電車火災事故（1971 年 12 月 9 日）
(2) ペン・セントラル鉄道の信号冒進による列車衝突事故（1972 年 3 月 1 日）
(3) フランスのトンネル内壁崩壊による列車衝突事故（1972 年 6 月 16 日）
9 - 2 鉄道近代化後期の重大事故
(1) 名古屋鉄道新名古屋駅構内での信号冒進による電車追突事故（1964 年 3 月 29 日）
(2) 名古屋鉄道線の踏切事故（1964 年 5 月 3 日）

(3) 水郡線の信号扱いミスによる列車追突事故（1964年10月26日）
(4) 函館線の踏切事故（1964年11月27日）
(5) 奥羽線の貨物列車の競合脱線事故（1966年4月8日）
(6) 東海道新幹線の電車車軸折損事故（1966年4月25日）
(7) 日豊線の貨物列車競合脱線事故（1966年9月7日）
(8) 東北線の分岐器過速による貨物列車脱線転覆事故（1966年11月18日）
(9) 東武鉄道線の過速脱線による電車衝突事故（1966年12月15日）
(10) 南海電気鉄道線の踏切事故（1967年4月1日）
(11) 新宿駅構内の信号冒進による貨物列車衝突事故（1967年8月8日）
(12) 南海電気鉄道線の信号冒進による電車衝突事故（1968年1月18日）
(13) 営団地下鉄日比谷線の電車火災事故（1968年1月27日）
(14) 東海道線膳所駅構内の分岐器過速による列車衝突事故（1968年6月27日）
(15) 中央線御茶の水駅の信号冒進による電車追突事故（1968年7月16日）
(16) 京成電鉄線の閉塞扱いミスによる電車追突事故（1969年7月27日）
(17) 東武鉄道線の踏切事故（1969年12月9日）
(18) 東武鉄道線の踏切事故（1970年10月9日）
(19) 東北線の仮眠による列車追突事故（1971年2月11日）
(20) 富士急行線のトラック衝突による電車脱線事故（1971年3月4日）
(21) 近畿日本鉄道線の特急電車衝突事故（1971年10月25日）
(22) 東海道線岐阜駅構内の入替え貨車との列車衝突事故（1971年12月1日）
(23) 総武線船橋駅の信号冒進による電車追突事故（1972年3月28日）
(24) 北陸線北陸トンネル内の列車火災事故（1972年11月6日）
(25) 東海道線の競合による貨物列車脱線事故（1973年1月27日）
(26) 関西線平野駅構内の分岐器過速による電車脱線事故（1973年12月26日）
(27) 鹿児島線の過速による特急電車脱線事故（1974年4月21日）
(28) 東北線の貨物列車の競合脱線による列車衝突事故（1974年9月24日）

10　国鉄最終期（1975～1986年）

10- 1 海外の重大事故
(1) ロンドン地下鉄のミステリーな電車暴走事故（1975年2月28日）
(2) 韓国の信号冒進による列車追突事故（1977年7月11日）
(3) インドの信号冒進による列車追突事故（1977年10月10日）
(4) イタリアの土砂乗り上げによる列車衝突事故（1978年4月15日）
(5) サンフランシスコ地下鉄の列車火災事故（1979年1月17日）
(6) ユーゴスラビアの信号冒進による列車追突事故（1979年9月13日）
(7) ソ連の橋梁移動による列車脱線転落事故（1983年6月5日）
(8) アメリカの信号冒進による列車衝突事故（1984年7月23日）
(9) エチオピアの過速による列車脱線転落事故（1985年1月13日）
(10) フランスの閉塞扱いミスによる列車衝突事故（1985年8月3日）
(11) フランスの列車脱線衝突事故（1985年8月31日）
(12) メキシコシティー地下鉄の電車火災事故（1985年10月27日）
(13) タイでディーゼル機関車が暴走（1986年11月8日）
10- 2 国鉄最終期の重大事故
(1) 信越線67‰勾配区間の過速による電気機関車脱線転落事故（1975年10月28日）
(2) 函館線の過速による貨物列車脱線転覆事故（1976年10月2日）

(3) 上越線の落石による電車脱線事故（1977年3月8日）
(4) 営団地下鉄東西線の突風による電車脱線事故（1978年2月28日）
(5) 信越線篠の井駅構内の入替え貨車との列車衝突事故（1979年6月2日）
(6) 京王帝都電鉄線の踏切事故（1979年10月3日）
(7) 武蔵野線の仮眠による列車衝突事故（1979年11月18日）
(8) 京阪電鉄線の置石による電車脱線転覆事故（1980年2月20日）
(9) 長崎線のレール通り狂いによる特急電車脱線事故（1981年6月7日）
(10) 東海道線名古屋駅構内の機関車衝突事故（1982年3月15日）
(11) 阪急電鉄線での信号冒進による電車衝突事故（1984年5月5日）
(12) 山陽線西明石駅構内の分岐器過速による特急列車脱線事故（1984年10月19日）
(13) 上信電鉄線の信号冒進による電車衝突事故（1984年12月21日）
(14) 能登線の盛土崩壊による列車脱線転落事故（1985年7月11日）
(15) 西武鉄道線の信号冒進による電車追突事故（1986年3月23日）
(16) 山陰線余部鉄橋での強風による列車脱線転落事故（1986年12月28日）

11　現代期（1987～2005年）

11- 1 海外の重大事故
(1) アメリカの信号冒進による列車衝突事故（1987年1月4日）
(2) ソ連のブレーキ故障による列車追突事故（1987年8月7日）
(3) アメリカの旅客列車脱線事故（1987年10月12日）
(4) ロンドン市地下鉄駅の火災事故（1987年11月18日）
(5) 中国の信号冒進による列車衝突事故（1988年3月24日）
(6) パリのブレーキ故障による電車衝突事故（1988年6月27日）
(7) インドで急行列車が湖に脱線転落事故（1988年7月8日）
(8) ソ連で特急列車の脱線転覆火災事故（1988年8月16日）
(9) イギリスでの列車三重衝突事故（1988年12月12日）
(10) バングラデッシュの信号扱いミスによる列車衝突事故（1989年1月15日）
(11) アメリカでの貨物列車の脱線転覆事故（1989年5月12日）
(12) シベリア鉄道でパイプラインのガス爆発で列車炎上事故（1989年6月3日）
(13) パキスタンでの閉塞扱いミスによる列車追突事故（1990年1月3日）
(14) フィラデルフィア地下鉄の車両故障による電車脱線事故（1990年3月7日）
(15) ニューヨーク地下鉄のポイント破損による電車脱線事故（1991年8月28日）
(16) フランスでの信号冒進による列車衝突事故（1991年10月17日）
(17) 台湾での信号冒進による列車衝突事故（1991年11月15日）
(18) インドでのポイント切り替えミスによる列車追突事故（1995年8月20日）
(19) エジプトでの信号冒進による列車追突事故（1995年12月21日）
(20) 英仏海峡トンネル内の列車火災事故（1996年11月18日）
(21) イタリアでの過速による特急電車脱線転覆事故（1997年1月12日）
(22) ドイツICEの車輪破損による脱線転覆事故（1998年6月3日）
(23) イギリスの信号冒進による列車衝突事故（1999年10月5日）
11－2 現代期の重大事故
(1) 名古屋鉄道線の踏切事故（1987年7月8日）
(2) 近畿日本鉄道東大阪線生駒トンネル内の火災事故（1987年9月21日）
(3) 中央線東中野駅構内の信号冒進による電車追突事故（1988年12月5日）
(4) 函館線での過速によるコンテナ貨物列車の脱線転覆事故（1988年12月13日）

(5) 飯田線で信号冒進による電車衝突事故（1989 年 4 月 13 日）
(6) 阪和線天王寺駅構内で電車が車止めに衝突事故（1989 年 8 月 27 日）
(7) 信楽高原鉄道線での代用閉塞扱いミスによる列車衝突事故（1991 年 5 月 14 日）
(8) 山陽線での転落トレーラーによる列車衝突事故（1992 年 4 月 8 日）
(9) 関東鉄道線の列車暴走事故（1992 年 6 月 27 日）
(10) 羽越線の貨車台車破損による列車脱線事故（1993 年 2 月 24 日）
(11) 石勝線の強風による特急列車の脱線転覆事故（1994 年 2 月 22 日）
(12) 北陸線の車軸折損による特急電車脱線事故（1997 年 2 月 2 日）
(13) 中央線大月駅構内で特急電車と回送電車が衝突事故（1997 年 10 月 12 日）
(14) 山陽新幹線のトンネル内壁落下による事故（1999 年 6 月 27 日）
(15) 室蘭線でトンネルのコンクリート塊落下で貨物列車脱線事故（1999 年 11 月 28 日）
(16) 営団地下鉄日比谷線で電車脱線衝突事故（2000 年 3 月 8 日）
(17) 新潟中越地震で上越新幹線“とき”が脱線（2004 年 10 月 23 日）
(18) 特急 DC がくろしお鉄道宿毛駅で暴走事故（2005 年 3 月 2 日）
(19) 福知山線で快速電車が横転脱線事故（2005 年 4 月 25 日）

2001年から2022年までの鉄道事故の発生件数

	列車衝突	列車脱線	列車火災	踏切障害	道路障害	人身障害	鉄道物損	合 計
2001	0	4	1	0	0	0	0	5
2002	1	14	1	2	0	1	1	20
2003	1	20	2	0	0	0	0	23
2004	0	18	0	1	0	0	0	19
2005	2	20	0	0	0	1	0	23
2006	1	13	0	1	0	0	0	15
2007	0	12	2	3	0	0	0	17
2008	0	7	2	2	0	1	1	13
2009	0	5	1	2	0	3	0	11
2010	0	6	0	0	0	1	0	7
2011	0	12	0	1	0	1	0	14
2012	0	13	2	0	0	2	0	17
2013	0	11	1	1	0	1	0	14
2014	1	9	0	4	0	0	0	14
2015	1	5	1	4	0	1	0	12
2016	0	7	0	15	0	0	0	22
2017	0	9	0	7	0	2	1	19
2018	0	2	0	9	0	0	0	11
2019	0	9	0	7	0	1	0	17
2020	0	7	0	6	0	0	0	13
2021	0	6	0	5	0	0	0	11
2022	0	5	0	8	0	1	0	14
合 計	7	214	13	78	0	16	3	331

国土交通省 運輸安全委員会統計を基に作成（軌道は除く）。

海外と日本の1825～2000年の年表

西暦年	海　　外	日　　本
1825年	25　イギリスで鉄道創業	25　幕府、異国船打払い令を出す
	30　アメリカで鉄道創業	
	32　フランスで鉄道創業　アメリカで電信	32　天保の改革始まる
	35　ドイツで鉄道創業	
	37　ロシアで鉄道創業	37　徳川家慶12代将軍に就任
	39　イタリアで鉄道創業	
	44　スイスで鉄道創業	44　オランダ国王が幕府に開国をすすめる
	47　デンマークで鉄道創業	
	48　スペインで鉄道創業	
1850年		
	54　イギリスで1435㎜を標準軌間に法令で決める	54　アメリカのペリー艦隊来航
	56　イギリスで連動装置	
	57　イギリスで鋼製レール	
		58　日米通商条約締結
	60　南アフリカで鉄道創業、後に軌間を1065㎜に	60　咸臨丸がアメリカへ渡航
	63　ロンドンで地下鉄が開業	
		65　徳川慶喜15代将軍に就任
	67　アメリカで空気ブレーキ装置導入	67　大政奉還　王政復古
	68　アメリカで自動連結器導入	
	69　アメリカで大陸横断鉄道が完成	69　明治新政府が官営の鉄道建設を決める
		72　新橋～横浜間で鉄道創業
	73　メキシコで鉄道創業	
		74　大阪～神戸間が開業
1875年		
	76　中国で鉄道創業　アメリカで電話が発明される	
		77　西南戦争
	78　イギリスで通票閉塞式の導入開始	
	79　イギリスでテー長鉄橋崩壊事故	
	81　ドイツで電車運転開始	
		82　北海道で幌内鉄道が開業
	83　ドイツでディーゼル車運転開始	
		85　日本鉄道会社が設立
		89　東海道線が全通
	90　万国鉄道会議で軌間の標準を1435・1000・762・609㎜などに決める	
		91　東北線が全通
	92　G・W鉄道が2134→1435㎜に改軌	
		93　国産機関車が誕生
		94　日清戦争始まる
	97　アメリカで総括制御装置の導入	
	98　ドイツで過熱式機関車が誕生	
1900年	00　パリで電車運転の地下鉄が開業	
		01　山陽線が全通
		02　甲武鉄道（後の中央線）で電車運行開始
		04　日露戦争始まる
	06　アルプスのシンプロントンネルが開通	06　鉄道国有化（7153㎞）
	08　アメリカでフォードの自動車量産が始まる	
		12　信越線の横川～軽井沢間電化
	13　スイスでディーゼル機関車が誕生	13　国産標準機関車9600形式が誕生
	14　第一次世界大戦始まる	
		15　京阪電鉄が3位式色灯自動信号機導入

西暦年	海　　外	日　　本
	17　シベリア鉄道が全区間完成	
		20　鉄道省設立
		23　関東大震災
		25　自動連結器に一斉取替え
1925年		25　東海道線の東京口が電化
		27　東京で地下鉄が開業
	29　アメリカに端を発した世界大恐慌	
		30　特急「つばめ」が運行開始
		31　空気ブレーキ装置完了
	32　ドイツでディーゼル高速列車運行開始	
		34　丹那トンネルが開通
	36　ドイツで高圧交流電化テスト	36　標準機関車D51形式が誕生
		37　日中戦争始まる
	39　第二次世界大戦始まる	
	41　アメリカで電気式ディーゼル機関車の量産始まる	41　太平洋戦争始まる
		42　関門トンネルが開通
	45　第二次世界大戦終わる	45　第二次世界大戦終わる
	48　イギリスで鉄道が国有化	
		49　八高線事故で木造客車の鋼体化
		49　日本国有鉄道が発足
1950年	50　スペインでタルゴが運行開始	50　湘南電車が誕生
	51　フランスで交流電化が実用化	
	52　イギリスで重大事故によりATS採用	
		53　液体式ディーゼル動車が誕生
	55　アメリカでディーゼル化が完了	
		56　東海道線の全区間電化完成
	57　西欧で国際間特急TEEが運行開始	57　北陸線の交流電化が完成
		58　特急電車・ブルートレインが誕生
	60　カナダでディーゼル化が完了	
		61　ディーゼル特急列車網を形成
		62　三河島事故でATS採用が決まる
		64　東海道新幹線が開業
	69　アメリカでメトロライナーが運行開始	
	アメリカでジャンボジェット機が誕生	
	71　アメリカでアムトラックが発足	
		72　北陸トンネルで列車火災事故
		73　振り子形特急電車が誕生
1975年		75　国鉄の動力近代化完成　山陽新幹線が全区間開業
	76　イギリスでHSTが運行開始	
	81　フランスでTGVが運行開始	
		82　東北・上越新幹線が開業
		84　ヤードを廃止し貨物列車が直行化に転換
		87　国鉄の分割民営化でJR発足
	88　スウェーデンで上下分離の鉄道民営化	88　青函トンネル・瀬戸大橋が開通
	89　フランスでTGVが300km/hに	
	91　ドイツでICEが運行開始	
	93　英仏海峡トンネルが開通	
	94　ユーロスターが運行開始	
		97　山陽新幹線が300km/hに
	98　ドイツでICEが事故	
2000年	現在、全世界の鉄道営業キロ約120万km	現在、JR約2万km、民鉄約0.7万km

注：鉄道の創業、鉄道工学上の主な事件、鉄道大事故、交通に関連する事件、世界的大事件を並列した。

主な参考文献

－配列は鉄道一般・保安規程技術・車両・鉄道事故史・その他の順－

著者・編者・監修	書　　名	発行所
日本国有鉄道	鉄道技術発達史（８分冊）	日本国有鉄道
日本国有鉄道	日本国有鉄道百年史（１４巻）	日本国有鉄道
日本国有鉄道	日本国有鉄道百年写真史	日本国有鉄道
日本国有鉄道	国鉄歴史辞典	日本国有鉄道
川上幸義	新日本鉄道史（上･下）	鉄道図書刊行会
日本国有鉄道	鉄道辞典（上下、付録）	日本国有鉄道
丸山弘志ほか	土木技術者のための鉄道工学	丸善
丸山弘志ほか	機械技術者のための鉄道工学	丸善
丸山弘志ほか	電気・電子技術者のための鉄道工学	丸善
小林勇ほか	鉄道工学	丸善
高橋寛	鉄道工学	森北出版
天野光三ほか	鉄道工学	丸善
八十島義之助	鉄道工学	オーム社
天野光三ほか	図説鉄道工学	丸善
久保田博	鉄道工学ハンドブック	グランプリ出版
久保田博	鉄道用語事典	グランプリ出版
日本鉄道運転協会	詳解 新幹線	日本鉄道運転協会
佐藤芳彦	世界の高速鉄道	グランプリ出版
日本国有鉄道	運転取扱基準規程	交友社
運転保安研究会	鉄道の運転と安全のしくみ	日本鉄道運転協会
大沢 健	運転取扱規程技術図典	交友社
鉄道総合技術研究所	安全のキーポイント	日本鉄道運転協会
伊多波美智夫	無事故への提言	交通協力会
土木工学協会	土木工学ハンドブック	技報堂
佐藤吉彦ほか	線路工学	技報堂
佐藤泰生ほか	分岐器の構造と保守	日本鉄道施設協会
加藤八州夫	レール	日本鉄道施設協会
鉄道電化協会	電気鉄道便覧	鉄道電化協会
吉村 寛ほか	信号	交友社
久保田博ほか	鉄道車両と設計技術	大河出版
久保田博	鉄道車両ハンドブック	グランプリ出版
江崎 昭	輸送の安全からみた鉄道史	グランプリ出版
運転局	国有鉄道重大運転事故記録	日本国有鉄道
佐々木冨泰･網谷りょういち	事故の鉄道史	日本経済評論社

佐々木冨泰・網谷りょういち	続 事故の鉄道史	日本経済評論社
網谷りょういち	信楽高原鉄道事故	日本経済評論社
船越健之輔	大列車衝突の夏	毎日新聞社
国鉄仙台駐在理事室	ものがたり東北本線史	国鉄仙台駐在理事室
柳田邦男	新幹線事故	中公新書
田中利男	列車火災	日本鉄道図書
事故調査委員会	余部事故技術調査委員会報告書	鉄道総合技術研究所
鴫原吉之祐	こんな事故もある	鉄道現業社
菅建彦	英雄時代の鉄道技師たち	山海堂
加山昭	アメリカ鉄道創世記	山海堂
工作局	蒸気機関車検修史	日本国有鉄道
毎日新聞	昭和鉄道史	毎日新聞
今村一郎	機関車と共に	ヘッドライト社
長谷川宗雄	動輪の響き	キネマ旬報社
島 秀雄	Ｄ５１から新幹線まで	日本経済新聞社
島 秀雄	島秀雄遺稿集	日本鉄道技術協会
山田秀三	わたしの鉄道	電気車研究会
斎藤雅男	社会風土と鉄道技術	中央書院
斎藤雅男	驀進	鉄道ジャーナル社
久保田博	鉄道経営史	大正出版
O.S.Nock	図説 世界の鉄道	平凡社
O.S.Nock	Encyclopedia of Railways	Octopus Books Limited
Hamilton Ellis	Pictorial Encyclopedia of Railways	HAMLYN
鉄道ジャーナル社	年鑑 日本の鉄道	鉄道ジャーナル社
近畿日本鉄道	近畿日本鉄道８０年のあゆみ	近畿日本鉄道
交通協力会	交通年鑑	交通協力会
鉄道技術誌	ＪＲＥＡ	日本鉄道技術協会
鉄道誌	鉄道ピクトリアル	電気車研究会
鉄道誌	鉄道ファン	交友社
鉄道誌	鉄道ジャーナル	鉄道ジャーナル社
	朝日新聞	朝日新聞社
	交通新聞	交通新聞社
	鉄道時報	鉄道時報局

索　引

著者紹介

久保田 博（くぼた・ひろし）
1924年、長野県に生まれる。大阪大学工学部機械工学科卒業。国鉄に入職、鉄道工場、本社、鉄道管理局、支社の勤務を経て、小倉工場長で退職。高砂熱学工業会社に入り技師長で退職。東北大学などの講師（経営工学、工場経営、鉄道車両工学を講義）。交通研究家として活躍。2007年1月逝去。

主な著書
『最新鉄道車両工学』（交友社刊）
『懐想の蒸気機関車』（交友社刊）
『鉄道図鑑』（小学館刊）
『世界の鉄道図鑑』（学習研究社刊）
『国鉄蒸気機関車設計図面表』（原書房刊）
『新しい日本の鉄道』（カラーブックス）
『懐かしの蒸気機関車』（カラーブックス）
『日本の電車』（カラーブックス）
『世界の鉄道』（カラーブックス）
『鉄道経営史』（大正出版刊）
『鉄輪の軌跡－鉄道車両史－』（大正出版刊）
『世界の鉄道』（海外鉄道技術協力協会刊）
『鉄道工学ハンドブック』（グランプリ出版）
『鉄道用語事典』（グランプリ出版）
『鉄道車両ハンドブック』（グランプリ出版）
『蒸気機関車のすべて』（グランプリ出版）
『栄光の日本の蒸気機関車』（JTBパブリッシング）

鉄道重大事故の歴史
鉄道事故に見る安全技術の進化

著　者　久保田 博
発行者　山田 国光

発行所　株式会社グランプリ出版
〒101-0051　東京都千代田区神田神保町1-32
電話 03-3295-0005(代)　FAX 03-3291-4418
振替 00160-2-14691

印刷・製本　モリモト印刷株式会社　　編集　松田信也